轨道交通装备制造业职业技能鉴定指导丛书

数控磨工

中国北车股份有限公司　编写

中国铁道出版社

2015年·北　京

图书在版编目(CIP)数据

数控磨工/中国北车股份有限公司编写．—北京：中国铁道出版社，2015.4
(轨道交通装备制造业职业技能鉴定指导丛书)
ISBN 978-7-113-20047-3

Ⅰ.①数…　Ⅱ.①中…　Ⅲ.①数控机床－磨床－职业技能－鉴定－自学参考资料　Ⅳ.①TG596

中国版本图书馆 CIP 数据核字(2015)第 042845 号

书　　名：轨道交通装备制造业职业技能鉴定指导丛书
数控磨工
作　　者：中国北车股份有限公司

策　　划：江新锡　钱士明　徐　艳
责任编辑：张　瑜　　　　**编辑部电话**：010-51873371
封面设计：郑春鹏
责任校对：王　杰
责任印制：郭向伟

出版发行：中国铁道出版社(100054，北京市西城区右安门西街 8 号)
网　　址：http://www.tdpress.com
印　　刷：三河市兴达印务有限公司
版　　次：2015 年 5 月第 1 版　2015 年 5 月第 1 次印刷
开　　本：787 mm×1 092 mm　1/16　印张：10　字数：244 千
书　　号：ISBN 978-7-113-20047-3
定　　价：32.00 元

中国北车职业技能鉴定教材修订、开发编审委员会

序

在党中央、国务院的正确决策和大力支持下，中国高铁事业迅猛发展。中国已成为全球高铁技术最全、集成能力最强、运营里程最长、运行速度最高的国家。高铁已成为中国外交的新名片，成为中国高端装备"走出国门"的排头兵。

中国北车作为高铁事业的积极参与者和主要推动者，在大力推动产品、技术创新的同时，始终站在人才队伍建设的重要战略高度，把高技能人才作为创新资源的重要组成部分，不断加大培养力度。广大技术工人立足本职岗位，用自己的聪明才智，为中国高铁事业的创新、发展做出了重要贡献，被李克强同志亲切地赞誉为"中国第一代高铁工人"。如今在这支近5万人的队伍中，持证率已超过96%，高技能人才占比已超过60%，3人荣获"中华技能大奖"，24人荣获国务院"政府特殊津贴"，44人荣获"全国技术能手"称号。

高技能人才队伍的发展，得益于国家的政策环境，得益于企业的发展，也得益于扎实的基础工作。自2002年起，中国北车作为国家首批职业技能鉴定试点企业，积极开展工作，编制鉴定教材，在构建企业技能人才评价体系、推动企业高技能人才队伍建设方面取得明显成效。为适应国家职业技能鉴定工作的不断深入，以及中国高端装备制造技术的快速发展，我们又组织修订、开发了覆盖所有职业(工种)的新教材。

在这次教材修订、开发中，编者们基于对多年鉴定工作规律的认识，提出了"核心技能要素"等概念，创造性地开发了《职业技能鉴定技能操作考核框架》。该《框架》作为技能人才评价的新标尺，填补了以往鉴定实操考试中缺乏命题水平评估标准的空白，很好地统一了不同鉴定机构的鉴定标准，大大提高了职业技能鉴定的公信力，具有广泛的适用性。

相信《轨道交通装备制造业职业技能鉴定指导丛书》的出版发行，对于促进我国职业技能鉴定工作的发展，对于推动高技能人才队伍的建设，对于振兴中国高端装备制造业，必将发挥积极的作用。

中国北车股份有限公司总裁：

2015.2.7

前　言

鉴定教材是职业技能鉴定工作的重要基础。2002年，经原劳动保障部批准，中国北车成为国家职业技能鉴定首批试点中央企业，开始全面开展职业技能鉴定工作。2003年，根据《国家职业标准》要求，并结合自身实际，组织开发了《职业技能鉴定指导丛书》，共涉及车工等52个职业（工种）的初、中、高3个等级。多年来，这些教材为不断提升技能人才素质、适应企业转型升级、实施"三步走"发展战略的需要发挥了重要作用。

随着企业的快速发展和国家职业技能鉴定工作的不断深入，特别是以高速动车组为代表的世界一流产品制造技术的快步发展，现有的职业技能鉴定教材在内容、标准等诸多方面，已明显不适应企业构建新型技能人才评价体系的要求。为此，公司决定修订、开发《轨道交通装备制造业职业技能鉴定指导丛书》（以下简称《丛书》）。

本《丛书》的修订、开发，始终围绕促进实现中国北车"三步走"发展战略、打造世界一流企业的目标，努力遵循"执行国家标准与体现企业实际需要相结合、继承和发展相结合、坚持质量第一、坚持岗位个性服从于职业共性"四项工作原则，以提高中国北车技术工人队伍整体素质为目的，以主要和关键技术职业为重点，依据《国家职业标准》对知识、技能的各项要求，力求通过自主开发、借鉴吸收、创新发展，进一步推动企业职业技能鉴定教材建设，确保职业技能鉴定工作更好地满足企业发展对高技能人才队伍建设工作的迫切需要。

本《丛书》修订、开发中，认真总结和梳理了过去12年企业鉴定工作的经验以及对鉴定工作规律的认识，本着"紧密结合企业工作实际，完整贯彻落实《国家职业标准》，切实提高职业技能鉴定工作质量"的基本理念，在技能操作考核方面提出了"核心技能要素"和"完整落实《国家职业标准》"两个概念，并探索、开发出了中国北车《职业技能鉴定技能操作考核框架》；对于暂无《国家职业标准》、又无相关行业职业标准的40个职业，按照国家有关《技术规程》开发了《中国北车职业标准》。经2014年技师、高级技师技能鉴定实作考试中27个职业的试用表明：该《框架》既完整反映了《国家职业标准》对理论和技能两方面的要求，又适应了企业生产和技术工人队伍建设的需要，突破了以往技能鉴定实作考核中试卷的难度与完整性评估的"瓶颈"，统一了不同产品、不同技术含量企业的鉴定标准，提高了鉴定考核的技术含量，保证了职业技能鉴定的公平性，提高了职业技能鉴定工作质量和管理水平，将成为职业技能鉴定工作、进而成为生产操作者技能素质评价的新标尺。

本《丛书》共涉及98个职业(工种),覆盖了中国北车开展职业技能鉴定的所有职业(工种)。《丛书》中每一职业(工种)又分为初、中、高3个技能等级,并按职业技能鉴定理论、技能考试的内容和形式编写。其中:理论知识部分包括知识要求练习题与答案;技能操作部分包括《技能考核框架》和《样题与分析》。本《丛书》按职业(工种)分册,并计划第一批出版74个职业(工种)。

本《丛书》在修订、开发中,仍侧重于相关理论知识和技能要求的应知应会,若要更全面、系统地掌握《国家职业标准》规定的理论与技能要求,还可参考其他相关教材。

本《丛书》在修订、开发中得到了所属企业各级领导、技术专家、技能专家和培训、鉴定工作人员的大力支持;人力资源和社会保障部职业能力建设司和职业技能鉴定中心、中国铁道出版社等有关部门也给予了热情关怀和帮助,我们在此一并表示衷心感谢。

本《丛书》之《数控磨工》由中国北车集团大连机车车辆有限公司《数控磨工》项目组编写。主编吕敏智;主审曹宁;参编人员孙婧、孙良君。

由于时间及水平所限,本《丛书》难免有错、漏之处,敬请读者批评指正。

中国北车职业技能鉴定教材修订、开发编审委员会

二〇一四年十二月二十二日

目　　录

数控磨工(职业道德)习题

一、填 空 题

1. ( )是共产主义道德的最高表现和最基本的行为规范,也是社会主义道德建设的核心和目的。

2. 无产阶级世界观和马克思主义思想的基础是( )。

3. 6S是指:整理、整顿、清扫、( )、安全。

4. 社会保险包括基本养老保险、基本医疗保险、( )、失业保险和生育保险。

5. 在合同因重大误解而订立的情况下,对合同文义应采取( )。

6. 对于在商品中掺杂、掺假、以假充真、以次充好或以不合格产品冒充合格产品的,应由有关部门责令其改正,并根据其情节处以违法所得( )的罚款。

7. 环境法保护的对象相当广泛,包括自然环境要素、( )和整个地球的生物圈。

8. 国家秘密是指关系国家的( ),依照法定程序确定,在一定时间内只限一定范围的人员知情的事项。

9. 仪容修饰需要从( )做起。

10. 人生价值的根本标准是( ),其精神有利于达成集体主义与个人利益的统一。

11. 对机械伤害的防护要做到"转动有罩、转轴有( )、区域有栏",防止衣袖、发辫和手持工具被绞入机器。

12. 机械伤害是指机械做出强大的功能而作用于( )的伤害。

二、单项选择题

1. ( )是指坚持某种道德行为的毅力,它来源于一定的道德认识和道德情感,又依赖于实际生活的磨炼才能形成。

(A)道德观念 (B)道德情感 (C)道德意志 (D)道德信念

2. 在社会主义市场经济条件下,要促进个人与社会的和谐发展,集体主义原则要求把社会集体利益与( )结合起来。

(A)国家利益 (B)个人利益 (C)集体利益 (D)党的利益

3. 6S中( )是核心,最具主动性。

(A)整理 (B)整顿 (C)素养 (D)安全

4. 用人单位自用工之日起( )不与劳动者订立书面劳动合同的,视为用人单位与劳动者已订立无固定期限劳动合同。

(A)三个月 (B)满一年 (C)六个月 (D)九个月

5. 凡发生下列情况之一,允许解除合同的是( )。

(A)法定代表人变更

(B)当事人一方发生合并、分立

(C)由于不可抗力致使合同不能履行

(D)作为当事人一方的公民死亡或作为当事人一方的法人终止

6.《产品质量法》所称的“货值金额”以(　　)计算。

(A)违法生产、销售产品的标价

(B)违法生产、销售产品的实际售价

(C)违法生产、销售产品的当事人自述的价格

(D)物价部门的评估价格

7. 环境法以调整人与自然的矛盾、促进社会公共利益为目的,属于(　　)。

(A)公法范畴　(B)私法范畴　(C)社会法范畴　(D)国际法范畴

8. 一切国家机关、武装力量、政党、社会团体、(　　)都有保守国家秘密的义务。

(A)国家公务员　(B)共产党员

(C)企业事业单位和公民　(D)农民工

9. 身体(　　)的人,能给人以精神振奋之感。

(A) 重心向上　(B)重心向下　(C)重心偏低　(D)重心偏高

10. 基层员工以(　　)为主,遵守规定,照章办事,把自己的定位做好。

(A)务虚　(B)务实　(C)学习　(D)挣钱

11. (　　)应当为劳动者创造符合国家职业卫生标准和卫生要求的工作环境和条件,并采取措施保障劳动者获得职业卫生保护。

(A)各级工会组织　(B)用人单位

(C)各级政府　(D)安技环保部门

12. (　　)必须接受专门的培训,经考试合格取得特种作业操作资格证书的,方可上岗作业。

(A)岗位工人　(B)班组长

(C)特种作业人员　(D)临时工

三、多项选择题

1. 职业道德教育,要根据不同行业和不同职业的实际情况,采取多种多样的方法,最主要的方法有舆论扬抑的方法、开展活动的方法以及(　　)。

(A)理论灌输的方法　(B)自我教育的方法

(C)典型示范的方法　(D)潜移默化的方法

2. (　　)是社会主义核心价值体系的精髓。

(A)创新精神　(B)和谐精神　(C)民族精神　(D)时代精神

3. 物质文化的范围非常广泛,主要有(　　)。

(A)社会产品和生产经营产品的物质条件

(B)物质环境

(C)行为取向

(D)文化设施及场所

4. 停止领取失业金的五个条件是(　　)和无正当理由的。

(A)重新就业的
(B)应征服兵役的
(C)移居境外的
(D)享受基本养老保险待遇的

5. 实际履行的构成条件包括(　　)。
(A)必须有违约行为存在
(B)必须由非违约方在合理的期限内提出继续履行的请求
(C)可以由违约方在合理的期限内提出继续履行的请求
(D)实际履行在事实上是可能的和在经济上是合理的
(E)必须依据法律和合同的性质能够履行

6.《产品质量法》规定合格产品应具备的条件包括(　　)。
(A)不存在危及人身、财产安全的不合理危险
(B)具备产品应当具备的使用性能
(C)符合产品或其包装上注明采用的标准
(D)有保障人体健康、人身财产安全的国家标准、行业标准的,应该符合该标准

7. 固体废物污染防治的"三化"法律原则即(　　)。
(A)隔离化　(B)减量化　(C)资源化　(D)无害化

8. 不得在非涉密计算机中处理和存储的信息有(　　)。
(A)涉密的文件
(B)个人隐私文件
(C)涉密的图纸
(D)已解密的图纸

9. 下列属于请求型敬语的是(　　)。
(A)请　(B)劳驾　(C)谢谢　(D)拜托

10. 作为员工个人应该(　　)。
(A)调整自己的就业态度
(B)养成良好的工作态度
(C)正确的认识自己
(D)在个人需求与企业需要之间寻找最佳的结合点

11. 下列伤害属于机械伤害范围的有(　　)。
(A)夹具不牢固导致物件飞出伤人
(B)金属切屑飞出伤人
(C)红眼病
(D)防护罩脱落导致铁屑飞出伤人

12. 材料从夹持装置中飞脱的原因有(　　)。
(A)材料的涨夹部分太小
(B)材料的涨夹部分太大
(C)材料的固定力量太小
(D)材料不规则

四、判 断 题

1. 道德范畴的含义有广、狭之分,从狭义上说,是指那些反映和概括道德的主要本质的,体现一定社会整体的道德要求的,并需成为人们的普遍信念而对人们行为发生影响的基本概念。(　　)

2. 人生观是世界观的理论基础,世界观是人生观在人生问题上的具体运用和体现。(　　)

3. 企业的核心竞争力要通过两种整合来表现:一种是企业体制与市场机制的整合,一种

是产品功能与用户需求的整合。(　　)

4. 以完成一定工作任务为期限的劳动合同,是指用人单位与劳动者约定以某项工作的完成为合同期限的劳动合同。(　　)

5. 合同权利义务的终止是指合同的消灭。(　　)

6. 经营者应当保证其提供的商品或者服务符合保障人身、财产安全的要求。对可能危及人身、财产安全的商品,应当向消费者作出真实的说明和明确的警示,并说明和标明正确使用商品的方法以及防止危害发生的方法。(　　)

7. 废气污染是最严重的一种环境要素污染。(　　)

8. 不准通过普通邮政传递属于国家秘密的文件、资料和其他物品。(　　)

9. 致意是一种无声的问候,因此向对方致意的距离不能太远,以 8～25 m 为宜,也不能在对方的侧面或背面。(　　)

10. 爱岗敬业是社会主义职业道德的重要规范,是职业道德的基础和基本精神,是对人们职业工作态度的一种最普遍、最重要的要求。(　　)

11. 作业现场"5S"管理,安全警示标志、安全线,作业现场材料码放管理,物料、设备、工位器具的现场管理等的好坏对员工安全有很大的影响。(　　)

12. 操作机器设备前应对设备进行安全检查,而且要空车运转一下,确认正常后方可投入运行,严禁机器设备带故障运行,千万不能凑合使用,以防事故。(　　)

数控磨工(职业道德)答案

一、填 空 题

1. 全心全意为人民服务　2. 实事求是　3. 清洁、素养
4. 工伤保险　5. 主观主义的解释原则　6. 一倍以上、五倍以下
7. 人为环境要素　8. 安全和利益　9. 头　10. 奉献
11. 套　12. 人体

二、单项选择题

1. C　2. B　3. C　4. B　5. C　6. A　7. C　8. C　9. A
10. B　11. B　12. C

三、多项选择题

1. ABCD　2. CD　3. ABD　4. ABCD　5. ABDE　6. ABCD　7. BCD
8. AC　9. ABD　10. ABCD　11. ABD　12. ABC

四、判 断 题

1. √　2. ×　3. √　4. √　5. √　6. √　7. ×　8. √　9. ×
10. √　11. √　12. √

数控磨工(中级工)习题

一、填 空 题

1. 正投影法是指(　　)与投影面垂直,对形体进行投影的方法。

2. 三视图就是(　　)、俯视图、左视图的总称。

3. 将机件的某一部分向(　　)投射所得到的视图称为局部视图。

4. 零件的(　　)可以分为设计基准和工艺基准。

5. 表达(　　)图样称为装配图。

6. 装配图需要标出(　　)、装配尺寸、外形尺寸、安装尺寸及其他重要尺寸。

7. 形位公差是指零件要素的(　　)对于设计所要求的理想形状和理想位置所允许的变动量。

8. 决定零件主要尺寸的基准称为(　　)。

9. 基本偏差一定的孔的公差带,与不同基本偏差的轴的公差带形成各种配合的制度,称(　)配合制。

10. 轮廓算术平均偏差 R_a 是指在取样长度内(　　)。

11. 零件表面的大部分粗糙度相同时,可将相同的粗糙度代号标注在右上角,并在前面加注(　　)两字。

12. 金属材料可分为钢铁金属和(　　) 两类。

13. 金属材料的(　　)可分为机械性能和工艺性能。

14. 金属材料的工艺性能包括热处理工艺性能、铸造性能、锻造性能、焊接性能和(　　)。

15. 铸铁可分为白口铸铁、灰口铸铁、可锻铸铁、蠕墨铸铁、(　　)及特殊性能铸铁。

16. 钢的热处理是将钢在固态下施以不同的加热、保温和冷却、从而获得需要的(　　)的工艺过程。

17. 合金结构钢的钢号由数字+元素+数字三部分组成,前面的数字表示(　　)。

18. 铬是使不锈钢获得耐蚀性的基本元素,当钢中含铬量达到12%左右时,(　　),在钢表面形成一层很薄的氧化膜,可阻止钢的基体进一步腐蚀。

19. 有色金属及其合金又称(　　),是指除 Fe、Cr、Mn 之外的其他所有金属材料。

20. 渗碳钢通常是指渗碳、淬火、(　　)后使用的钢。

21. 非金属材料是除金属材料以外的其他(　　)的总称。

22. 低合金通常是在(　　)状态下使用的,其组织结构为铁素体+珠光体。

23. 用于制造各种(　　)和其他工具的钢称为工具钢。

24. 在高温下有一定抗氧化能力和较高强度以及(　　)的钢称为热强钢。

25. 表面淬火是将工件的表面层淬硬到一定深度,而心部仍保持(　　)状态的一种局部淬火法。

26. 橡胶是以高分子化合物为基础的具有显著(　　)的材料。

27. 链传动是一种(　　),由链条和链轮组成。

28. 无论是一般车削,还是车螺纹,进给量都是以主轴转一转,(　　)的距离来计算。

29. 零件的机械加工质量包括加工精度和(　　)。

30. 工艺基准分为工序基准、定位基准、测量基准、(　　)。

31. 当液压系统的两点上有不同的压力时,流体流动至压力较低的一点上,这种流体运动叫作(　　)。

32. 砂轮是(　　),是由磨料(砂粒)和结合剂粘贴在一起焙烧而成的疏松多孔体。

33. 现国标砂轮书写顺序:(　　)、尺寸(外径×厚度×孔径)、磨粒、粒度、硬度、组织、结合剂、最高工作线速度。

34. 砂轮磨料分为天然磨料和(　　)两大类。

35. 在切削过程中(　　)叫作切削运动。

36. 切削要素包括切削用量和(　　)要素。

37. 量具根据用途不同可以分为三种类型:万能量具、(　　)、标准量具。

38. 游标卡尺的(　　)是 0.02 mm、0.05 mm、0.1 mm。

39. 千分尺的(　　)为 0.01 mm。

40. 百分表的测量杆移动(　　),通过齿轮传动系统使大指针回转一周。

41. 工件在空间具有六个(　　)。

42. 化学稳定性是指刀具材料在(　　)下不易与工件材料和周围介质发生化学反应的能力。

43. 一般数控车床主要由(　　)、数控装置、伺服机构和机床四个基本部分组成。

44. 点位控制数控机床的特点是机床移动部件从一点移动到另一点的准确定位,各坐标轴之间的运动是(　　)。

45. 螺纹磨削的方法有单线砂轮磨削法和(　　)。

46. 数控车床 CRT/MDI 面板中,(　　)表示刀具补偿(偏置设定)。

47. 加工中心的主要加工对象有箱体类零件、复杂曲面、异形件及(　　)。

48. 通常程序段由若干个(　　)组成。

49. 固定程序段落不使用(　　)。

50. 程序段号可用于检索,便于检查交流或(　　)等,一般由地址符 N 和后续四位数字组成。

51. 准备功能代码地址符为机床准备(　　)而设定。

52. 划线工具按用途分类可分为基准工具、量具、绘划工具和(　　)。

53. 锉刀粗细刀纹的选择和预留加工量选择锉刀刀纹也是一个比较讲究的问题，主要根据工件对(　　)的要求而定。

54. 铰孔时,(　　)对孔的扩张量及孔的表面粗糙度有一定的影响。

55. 在工件上加工出(　　)的方法,主要有切削加工和滚压加工两类。

56. 螺纹切削一般指用成型(　　)在工件上加工螺纹的方法,主要有车削、铣削、攻丝、套丝、磨削、研磨和旋风切削等。

57. 四色环电阻器是色环为(　　),表示阻值为 15 kΩ、误差为±5%的电阻器。

58. 万能转换开关的型号表达样式如下：LW5—□□□/□，前3个方框依次是(　　)，第4个方框表示触头系统挡数。

59. 低压熔断器按结构划分可分为熔体、触头、外壳和(　　)四部分。

60. 万用表测量电流或电压时，如果不知道被测电压或电流的大小，应先用(　　)，而后再选用合适的挡位来测试。

61. 一般认为电机是(　　)的设备，前者即旋转电机，包括发电机和电动机，后者即变压器。

62. 常见的(　　)有电动力吹弧、窄缝灭弧室、栅片灭弧、磁吹灭弧。

63. 触电是人体直接或间接(　　)，电流通过人体造成的伤害，分电击与电伤两种。

64. 起重机钢丝绳的报废主要依据(　　)的程度，并根据标准规定的断丝数计算确定。

65. 机械伤害的主要原因有三：一是(　　)；二是机械设备本身的缺陷；三是操作环境不良。

66. 环境保护是指人类为解决现实的或潜在的环境问题，协调(　　)的关系，保障经济社会的持续发展而采取的各种行动的总称。

67. 环境保护是利用环境科学的理论和方法，协调人类与环境的关系，解决各种问题，保护和改善环境的一切(　　)的总称。

68. 有效决策建立在数据和(　　)的基础上。

69. 决策具有(　　)、选择性和客观性。

70. GB/T 9000族标准区分了质量管理体系要求和(　　)。

71. 某表面用去除材料的方法获得的粗糙度，轮廓算术平均偏差的上限值为0.8 μm，在图纸上标注该粗糙度的符号为(　　)。

72. 用以确定某些点、线、面位置的点、线、面称为(　　)。

73. 表示两个零件之间配合性质的尺寸，称为(　　)。

74. 制定工艺规程时，退火通常安排在粗加工之前，淬火应安排在(　　)。

75. 切削用量中对切削力影响最大的是(　　)。

76. 切削液的作用包括冷却作用、润滑作用、(　　)和清洗作用。

77. 低粗糙度磨削时，工件纵向进给量的大小直接影响工件(　　)的好坏。

78. 采取布置适当的六个支承点来消除工件六个自由度的方法称为(　　)。

79. 用三爪卡盘装夹薄壁工件时，其内孔易被磨成(　　)形。

80. 夹紧力的三个基本要素是方向、(　　)、作用点。

81. 工件装夹时要保证正确(　　)，并且要做到装卸方便。

82. 使用组合夹具的优点主要有三个：可以(　　)、能节约人力和物力以及保证产品质量。

83. 微锥心轴的锥度一般为(　　)。

84. 砂轮强度通常用(　　)表示，其通常标准是35 m/s。

85. 测量条件主要指测量环境的温度、(　　)、灰尘、振动等。

86. 数控系统中控制刀具运动轨迹的指令用(　　)。

87. 数控系统中按其运行特征，程序可分为主程序和(　　)。

88. FANUC数控系统中摆动磨削循环标准G代码为(　　)。

89. FANUC 数控程序中,子程序可以被主程序调用,调用子程序的指令为(　　)。

90. 一个零件的轮廓可能由许多不同几何要素组成,如直线、圆弧、二次曲线等。各几何要素之间的连接点称为(　　)。

91. M1432A 型万能外圆磨床精度检验时,砂轮主轴轴向窜动公差为(　　)mm,径向跳动公差为 0.005 mm。

92. 为了正确合理的使用数控磨床,保证磨床的正常运转和操作者的人身安全,操作者应该认真执行(　　)。

93. 伺服电机有(　　)两类。

94. 若液压泵吸空、磨床机械振动及液压系统中含有空气,则液压系统工作时会产生(　　)。

95. 要求稳态的数控机床,开机后要进行(　　),运行时间根据机床不同而确定。

96. 导轨常用的润滑剂有润滑油和润滑脂,滑动导轨要用(　　)润滑,滚动导轨则两者都可。

97. (　　)是指在机床上设置的一个固定原点,即机床坐标系的原点。

98. 数控机床中的标准坐标系采用(　　),并规定增大刀具与工件之间距离的方向为坐标正方向。

99. 数控机床坐标系三坐标轴 X、Y、Z 及其正方向用右手定则判定,X、Y、Z 轴的回转运动及其正方向 $+A$、$+B$、$+C$ 分别用(　　)判断。

100. 数控机床的混合编程是指在编程时可以采用(　　)和增量编程。

101. 绝对编程指令是(　　),增量编程指令是 G91。

102. 从零件图开始到获得数控机床所需控制(　　)的全过程称为程序编制。

103. 编程时的数值计算,主要是计算零件的(　　)的坐标。

104. 切削用量三要素是指主轴转速、(　　)和进给量。

105. 编程时可将重复出现的程序编成(　　)。

106. 在指定固定循环之前,必须用辅助功能(　　)使主轴正转。

107. 对刀点既是程序的起点,也是程序的(　　)。

108. 在数控加工中,刀具刀位点相对于工件运动的轨迹称为(　　)路线。

109. 在轮廓控制中,为了保证一定的精度和编程方便,通常需要有刀具(　　)补偿功能。

110. 机床接通电源后的回零操作是使刀具或工作台退回到(　　)。

111. 常用的对刀方法有试切法对刀和(　　)。

112. 在数控编程时,使用(　　)指令后就可以按工件的轮廓尺寸进行编程,而不需按照刀具的中心线运动轨迹来编程。

113. 进给执行部件在低速进给时出现时快时慢甚至停顿的现象,称为(　　)。

114. 没有手轮时,手动控制机床到达机床或工件坐标系中的某一位置点的操作,在(　　)工作方式下进行。

115. 数控程序编制功能中常用的删除键是(　　)。

116. 在 CRT/MDI 面板的功能键中,用于程序编制的键是(　　)。

117. 在 CRT/MDI 操作面板上页面变换键是(　　)。

118. 细长轴的磨削特点是刚性差、母线容易变形,使用开式中心架是为了减小工件的(　　)和避免产生振动。

119. 磨削细长轴时，工件容易出现(　　)和振动现象。

120. 细长轴磨好后或未磨好因故中断磨削时，也要卸下(　　)存放。

121. 磨削内锥面时，一般锥角较大的工件都采用转动(　　)磨削内圆锥面。

122. 磨削内锥面时，一般锥角较小的工件都采用转动(　　)磨削内圆锥面。

123. 金属切削加工中常用的切削液可分为水溶液、(　　)和切削油三类。

124. 为改善切削液的性能，常加入的添加剂有油性极压添加剂、(　　)添加剂及浮化剂。

125. CNC 系统的核心是(　　)。

126. CNC 装置由(　　)两部分组成。

127. CNC 装置的工作过程是在硬件的支持下，执行(　　)的过程。

128. 螺杆与蜗轮啮合为线接触，同时啮合的齿数较(　　)，因此承载能力大。

129. 在单头螺旋中，导程与螺距相等；在多头螺旋中，导程等于螺距乘以(　　)。

130. 在螺纹图上标注的螺纹直径是代表螺纹尺寸的直径，称为(　　)。

131. 当工件的加工精度较高时，可用杠杆千分尺测量，它的测量精度为(　　)mm。

132. 量块按级使用时，取用它的(　　)尺寸。

133. 工件外圆的轴线同轴度公差带是直径为公差值 ϕt 的(　　)内的区域，该圆柱面的轴线与基准轴线同轴。

134. 测量内锥和外锥锥度的圆锥量规分别为(　　)和圆锥环规。

135. 测量或评定表面粗糙度参数时，规定取样长度的目的在于(　　)截面轮廓的其他几何误差，特别是波纹度对测量结果的影响。

136. (　　)是利用三角函数原理测量角度的一种精密量具。

137. 百分表的测量范围一般有 0～3 mm、(　　)和 0～10 mm。

138. 当被磨工件表面层温度达到相变温度以上时，表层金属发生金相组织的变化，使表层金属强度、硬度降低，并伴随残余应力产生，甚至出现微观裂纹，这种现象称为(　　)。

139. 螺纹检验有单项检验和(　　)两种方式。

140. 蜗杆一般可分为米制蜗杆($\alpha=20°$)和(　　)两种。

141. 设计时，根据零件的使用要求对零件尺寸规定一个允许的(　　)，这个允许的尺寸变动量即为尺寸公差。

142. 尺寸精度是加工后零件的实际尺寸与(　　)相符合的程度。

143. 工具显微镜是一种用(　　)的方法进行读数、测量的仪器。

144. FANUC 数控程序中调用程序号为 1010 的子程序被连续调用 3 次的指令是(　　)。

145. 数控机床常用丝杠螺母副是(　　)。

146. 机床坐标轴用相对位置检测元件测量位移时，机床通电后，首先要执行(　　)的操作以建立机床坐标系。

147. 细长轴一般是指长度与直径的比值(　　)以上的轴类零件。

148. 如果在刀补建立和撤销过程中进行零件加工，会发生(　　)。

149. 圆度公差带是在(　　)上半径差为公差值 t 的两同心圆之间的区域。

150. 将被检测的工件表面与粗糙度标准样块进行比较，来确定工件表面粗糙度的方法称为(　　)。

151. 用接触法测量工件表面粗糙度的主要仪器是(　　)。

152. 多线螺纹是指沿(　　)螺旋线形成的螺纹,该螺旋线在轴向等距分布。

153. 能同时使工件得到定心和夹紧的装置叫(　　)夹紧机构。

154. FANUC 数控系统,子程序用指令(　　)结束。

155. 进给伺服系统是数控系统主要的(　　)。

156. 数控机床定位精度是指数控机床移动部件或工作台实际运动位置和指令位置的(　　)。

157. 数控机床通电后应先让各轴均(　　),以便确定机床坐标系后再进行其他操作。

158. 在数控机床上用来确定(　　)和距离的坐标系称为数控机床坐标系。

159. 磨床头架和尾座的锥孔中心线在垂直平面内不等高,磨削的工件将产生(　　)误差。

160. 蜗杆分度圆直径的检测可以用(　　)进行测量。

161. 磨削细长轴时,不宜采用(　　)来带动工件旋转。

162. 圆锥体母线与(　　)之间的夹角叫作斜角。

163. 机床零点即机床坐标系原点,是由(　　)在设计时确定的。

164. 工件没有定位时,在空间有(　　)个自由度。

165. 半闭环控制机床的检测元件安装在(　　)上,因此它具有比较高的控制性,调试比较方便。

二、单项选择题

1. 六个基本视图中最常用的是(　　)视图。

(A)主、右、仰　　(B)主、俯、左　　(C)后、右、仰　　(D)主、左、仰

2. 图 1 的左视图,正确的是(　　)。

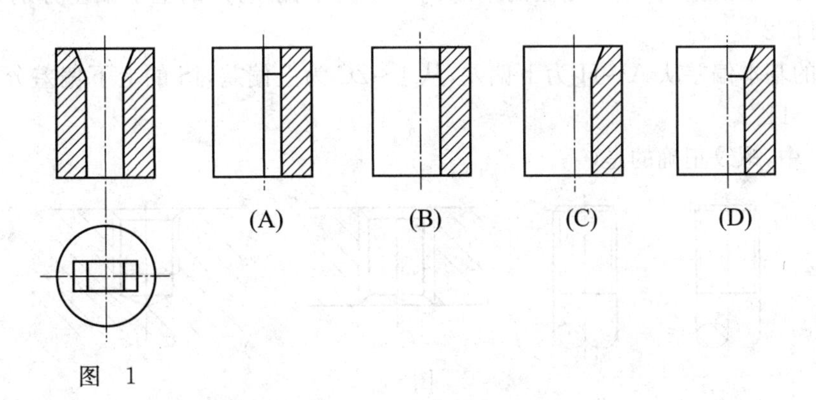

图　1

3. 图 2 的左视图,正确的是(　　)。

4. 下列不属于尺寸标注形式的是(　　)。

(A)链状法标注　　(B)坐标法标注　　(C)综合法标注　　(D)自然方正法标注

5. 下列有关装配结构的合理性说法错误的是(　　)。

(A)两个零件在同一方向上的接触面只能有一个

(B)为了保证零件相邻两接触面的良好接触,相邻接触面的相交处不能接触

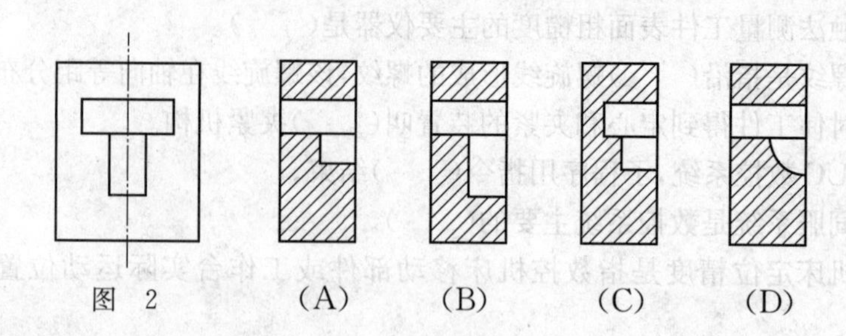

图 2

(C)为了保证装配的顺利进行,圆角、倒角以及退刀槽必须如实画出
(D)装配结构的合理性应注意制造与装拆方便

6. 下列有关尺寸极限与公差的术语错误的是(　　)。
(A)实际尺寸是指设计时确定的尺寸
(B)极限尺寸是指允许零件实际尺寸变化的两个极端值
(C)最大极限尺寸是指允许实际尺寸的最大值
(D)最小极限尺寸是指允许实际尺寸的最小值

7. 下列有关形位公差说法错误的是(　　)。
(A)形状公差是指对实际要素的形状所允许的变动全量
(B)位置公差是指对实际要素的位置所允许的变动全量
(C)形位公差特征项目共有 16 项
(D)当无法标注形位公差代号时,要在技术要求里用文字说明

8. 下列关于基本偏差说法错误的是(　　)。
(A)基本变差一般是指上下两个偏差中靠近零线的那个偏差
(B)基本偏差用拉丁字母表示,小写字母代表孔,大写字母代表轴
(C)轴的基本偏差从 a～h 为上偏差,从 j～zc 为下偏差,js 的上下偏差分别为＋IT/2 和－IT/2
(D)孔的基本偏差从 A～H 为下偏差,从 J～ZC 为上偏差,JS 的上下偏差分别为＋IT/2 和－IT/2

9. 图 3 中,螺纹正确的是(　　)。

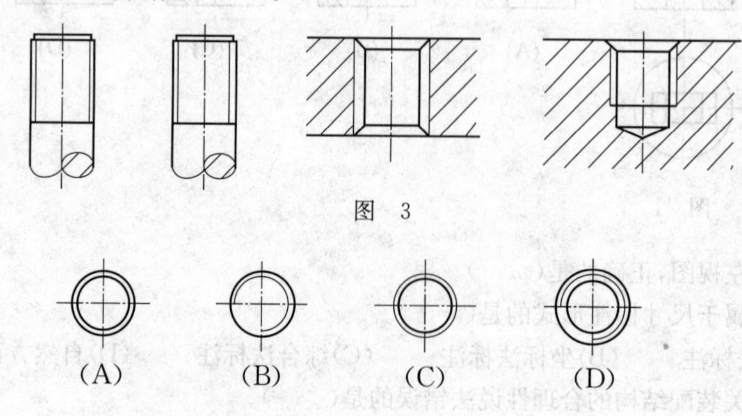

图 3

10. 下列关于粗糙度说法错误的是(　　)。
(A)每个表面一般只标注一次

(B)符号的尖端必须从材料外指向被加工表面
(C)符号需带横线时,横线应和所注的轮廓平行或引出标注
(D)对其中使用最多的一种代号,可统一注写在图样右上角,并加其余两字,代号大小为图形上注写的 2.4 倍

11. 下列说法错误的是(　　)。
(A)表面质量是指机器零件加工后表面层的状态
(B)表面质量是指表面层的物理机械性能
(C)零件表面波纹度的波高与波长的比值在 $40 \leqslant L/H \leqslant 1\ 000$ 范围内
(D)表面粗糙度指表面微观几何形状误差

12. 下列不属于铸铁的是(　　)。
(A)灰口铸铁　(B)可锻铸铁　(C)球状石墨　(D)蠕墨铸铁

13. 下列不属于机械性能的是(　　)。
(A)弹性模量　(B)冲击模量　(C)切削加工　(D)冲击韧性

14. 下列不属于材料工艺性能的是(　　)。
(A)铸造性能　(B)切削性能　(C)焊接性能　(D)冲击韧度

15. 下列关于铸铁说法不正确的是(　　)。
(A)灰口铸铁中的碳全部或大部分以片状石墨形式存在,其断口呈白色
(B)球墨铸铁中石墨全部或大部分呈球状分布于集体中
(C)可锻铸铁通过石墨化或氧化脱碳的可锻化处理,石墨呈团絮状
(D)合金铸铁一般是指铸铁内除碳以外还有其他合金元素

16. 下列淬火方法只适合较小工件的是(　　)。
(A)单液淬火法　(B)双液淬火法　(C)分级淬火法　(D)等温淬火法

17. 下列金属材料说法错误的是(　　)。
(A)30CrMnSi 用于飞机重要件
(B)35CrMo 用作重要的调质件
(C)38CrMoAlA 用作重要调质件
(D)40CrMnMo 用作受冲击载荷的高强度件

18. 下列说法不正确的是(　　)。
(A)不锈钢常用的热处理工艺方法有固溶处理、稳定化处理及去应力处理
(B)对奥氏体钢来讲,固溶处理的目的是提高钢的耐腐蚀性
(C)对于含 Ti 或 Nb 的奥氏体不锈钢,经固溶处理后还要再进行一次稳定化处理以消除晶间腐蚀的倾向
(D)马氏体不锈钢 ω_{Cr} 大于 20.0%

19. 下列说法错误的是(　　)。
(A)铅基轴承合金的强度、硬度、耐磨性以及冲击韧性都不如锡基轴承合金
(B)铅基轴承合金是在铅锑合金的基础上加入锡、铜等元素形成合金,又称为锡基巴氏合金
(C)锡基轴承合金和铅基轴承合金的强度都比较低,不能承受较大的压力
(D)铅基轴承合金一般用来制造速度比较低、负载比较小的轴承

20. 下列关于珠光体的说法错误的是(　　)。
(A)粗大片状珠光体中铁素体及渗碳体片层在光学显微镜下清晰显现
(B)细珠光体在光学显微镜下片层难以分辨,片间距较小
(C)极细珠光体片层在光学显微镜下不能分辨
(D)极细珠光体只有在电子显微镜下才能区分,这种极细珠光体也叫索氏体
21. 下列关于聚合反应说法错误的是(　　)。
(A)高聚物是由一种或者几种单质聚合而成的
(B)加聚反应是由一种或几种单体聚合反应而形成高聚物的反应
(C)缩聚反应在形成高分子化合物的同时还会形成其他低分子物质
(D)高聚物是由特定的结构单元多次重复连接而成的
22. 下列关于低合金钢说法错误的是(　　)。
(A)在低碳钢中加入 Mn 是为了强化组织中的珠光体
(B)在低碳钢中加入 V、Ti、Nb 不但可以提高强度,还会消除钢的过热倾向
(C)Q235 中加入 1%的 Mn 后得到 16Mn 钢,而其强度却增加近 50%
(D)在 16Mn 的基础上再多加 0.04%～0.12%的钒,材料强度将得到进一步的提升
23. 下列有关工具钢的说法错误的是(　　)。
(A)用于制造各种加工工具和测量工具的钢称为工具钢
(B)工具钢的强度指标要求应该被首要考虑
(C)为了保证工具钢的优秀性能,尤其是较好的塑性、韧性,钢中杂质含量应严格限制
(D)为了提高钢的性能,可在钢中加入少量的 S、P 等元素
24. 下列关于特殊性能钢说法错误的是(　　)。
(A)在高温下有较好的抗氧化性并具有一定强度的钢称为抗氧化钢,又叫耐热不起皮钢
(B)在高温下有一定抗氧化能力和较高强度以及良好组织稳定性的钢称为热强钢
(C)要求具有高耐热性的钢称为高强度钢,高强度钢包括抗高温氧化钢和热强钢
(D)实际应用的抗氧化钢,大多数是在铬钢、铬镍钢、铬锰钢的基础上加入硅、铝制成
25. 下列不属于钢的化学处理的是(　　)。
(A)渗碳　　(B)激光表面淬火
(C)渗硼　　(D)氮化
26. 下列关于塑料的说法错误的是(　　)。
(A)聚甲醛相对密度小,是塑料中最轻的
(B)聚苯乙烯具有良好的加工性能,其薄膜有优良的电绝缘性,常用于电器零件
(C)聚乙烯产品相对密度小,耐低温、耐蚀、电绝缘性好
(D)聚氯乙烯是由乙烯气体和氯化氢合成氯乙烯再聚合而成的
27. 下列关于轴承材料说法错误的是(　　)。
(A)材料应该有良好的减磨性、耐磨性和抗咬黏性
(B)材料应有良好的摩擦顺应性、嵌入性和磨合性
(C)材料应该有良好的导热性、工艺性、经济性
(D)材料应该有良好的导电性、抗磁性
28. 下列不属于机床的动力参数的是(　　)。

(A)进给运动参数　　(B)主传动功率
(C)进给传动功率　　(D)空行程功率
29. 下列列举的工件表面形状和成型方法错误的是(　　)。
(A)轨迹法　　(B)成型法
(C)相切法　　(D)非线型旋转成型法
30. 下列关于机械加工零件说法错误的是(　　)。
(A)先主后次原则　　(B)先基面后其他原则
(C)预备热处理留余量原则　　(D)牺牲机械性能换取表面质量原则
31. 下列关于液体压强的说法错误的是(　　)。
(A)如果流量稳定,液压油缸直径越小,活塞运动速度越慢
(B)压力作用于密闭液体时,施加的压力丝毫不减地向各个方向传递,其作用于各部位的力相等
(C)大部分液压系统使用油,这是由于油几乎是不可压缩的
(D)油可以在液压系统中起润滑剂作用
32. 下列不属于砂轮结合剂的是(　　)。
(A)陶瓷　　(B)树脂　　(C)橡胶　　(D)聚氯乙烯
33. 下列关于砂轮说法错误的是(　　)。
(A)粒度号越小,砂轮加工表面精度越高
(B)在可能的条件下,砂轮的外径应选得大一些
(C)纵磨时,应选用较宽的砂轮
(D)磨销内圆时,砂轮外径一般取孔径的三分之二左右
34. 逐点比较法加工圆弧,如果误差函数大于零,则当前点在(　　)。
(A)圆上　　(B)圆内　　(C)圆外　　(D)圆中
35. 下列关于外圆磨床的加工精度说法错误的是(　　)。
(A)外圆磨床主要用于磨削内外圆和圆锥面
(B)外圆磨床不可加工阶梯轴的轴肩和端面
(C)外圆磨可获得 IT6～IT7 的加工精度
(D)外圆磨加工后 R_a 值在 1.25～0.08 μm 之间
36. 下列不属于切削用量三要素的是(　　)。
(A)切削速度　　(B)进给量　　(C)背吃刀量　　(D)切削成本
37. 下列不属于测量误差的是(　　)。
(A)测量装置误差　　(B)多次测量结果差异
(C)环境误差　　(D)人员误差
38. 下列关于游标卡尺的说法错误的是(　　)。
(A)使用游标卡尺前应先检验
(B)检测小工件时,用左手拿工件,右手拿卡尺
(C)测大工件时,用左手拿尺身量爪
(D)测量深度时,深度尺端头可以不垂直于工件表面
39. 下列关于千分尺说法错误的是(　　)。

(A)千分尺在使用时不需要复验零位
(B)外径千分尺主要用来精确测量圆柱体外径和工件外表面长度
(C)微分筒圆周上分 50 格，刻度值每格为 0.01 mm
(D)如纵线对准在两格之间，可近似估计到微米值

40. 下列关于百分表的使用说法错误的是(　　)。
(A)测平面时，测杆要和被测面垂直
(B)测圆柱时，测杆的中心不必通过零件的中心
(C)在使用前，需对百分表进行校零处理
(D)百分表转数指针每转动一格为 1 mm

41. 下列关于工件完全定位说法正确的是(　　)。
(A)工件的六个自由度全部被夹具中的定位元件所限制，而在夹具中占有完全确定的唯一位置
(B)根据工件加工表面的不同加工要求，定位支承点的数目可以少于六个
(C)按照加工要求应该限制的自由度没有被限制
(D)工件的一个或几个自由度被不同的定位元件重复限制

42. 关于数控车床刀具的说法错误的是(　　)。
(A)当机床上没有配置刀具时，自动换刀将无法实现
(B)G45～G48 为模态代码，仅在指令程序段有效
(C)G45 IP_D_按偏置存储器的值增加移动量
(D)G46 IP_D_按偏置存储器的值减少移动量

43. 下列关于数控机床按加工工艺分类说法不正确的是(　　)。
(A)金属切削类数控机床指采用车、铣、镗、钻、磨等各种切削工艺的数控机床
(B)金属成型类数控机床指采用挤、冲、压等成型工艺的数控机床
(C)测绘、绘图类数控机床是指数控对刀仪、数控绘图仪等
(D)火花线切割机、电火花成型机、火焰切割机、机关加工机不属于数控机床

44. 下列不属于轮廓控制数控机床的是(　　)。
(A)数控镗床　　(B)数控车床　　(C)数控铣床　　(D)数控磨床

45. 下列关于数控程序 G00 说法正确的是(　　)。
(A)平面选择指令　　(B)快速定位指令
(C)自动机床原点返回指令　　(D)刀具补偿与偏置指令

46. 下列关于数控机床坐标系说法错误的是(　　)。
(A)数控机床的坐标系已经标准化，按左手直角笛卡尔坐标系确定
(B)机床坐标系是机床固有的坐标系，机床坐标系的方位是参考机床上的一些基准确定的
(C)机床原点(机械原点)是机床坐标系的原点，它的位置是在各坐标轴的正向最大极限处
(D)工作坐标系是编程人员在编程和加工工件时建立的坐标系

47. 下列关于 M 指令的说法错误的是(　　)。
(A)M98 为调用子程序　　(B)M30 为程序结构

(C)M06 为主轴停转　　　　　　　　(D)M03 为主轴正转

48. 下列关于数控车床坐标系和工件坐标系说法错误的是(　　)。

(A)数控车床标准坐标系可用左手法则确定

(B)数控车床某一运动部件的正方向规定为增大刀具与工件间距离的方向

(C)编程原点选择应尽可能与图纸上的尺寸标注基准重合

(D)程序段格式代表尺寸数据的尺寸字可只写有效数字

49. 下列有关程序段说法错误的是(　　)。

(A)通常程序段落由若干个程序段字组成

(B)程序段号一般由地址符 N 和后续四位数字组成

(C)G 准备功能代码地址符,为数控机床准备某种运动方式而设定

(D)T 为辅助功能代码,用于数控机床的一些辅助功能

50. 关于 G 代码,下列说法错误的是(　　)。

(A)G 代码分为模态代码和非模态代码

(B)同一组 G 代码在同一程序段中一般可同时出现多次

(C)G41 功能为刀具左补偿

(D)G42 功能为刀具右补偿

51. 对于数控机床节点坐标的计算说法错误的是(　　)。

(A)若轮廓曲线曲率变化不大,可采用等步长法计算插补节点

(B)若轮廓曲线曲率变化较大,可采用等误差法计算插补节点

(C)容差值越小,计算节点数越小

(D)在同一容差下,采用圆弧逼近法与直线逼近法相比,可以有效减少节点数目

52. 下列关于锉刀说法错误的是(　　)。

(A)在长度方向,各种锉刀都带有一定的圆弧和锥度

(B)锉削加工的一般原则是粗加工用粗纹、精加工用细纹或油光锉

(C)锉削时为了美观可以使用油石和砂布

(D)粗锉时也不能用力过大以追求加大的锉削量

53. 下列关于锉刀说法不正确的是(　　)。

(A)在长度方向,各种锉刀都带有一定的圆弧和锥度

(B)在进行平面锉削加工时,可以凭感觉自行进行加工

(C)锉削时切忌用油石和砂布

(D)半精加工时,在细锉上涂上粉笔灰让其容屑空间减少,这样可以使锉刀既保持锋利,又避免容屑槽中的积屑过多而划伤工件表面

54. 下列关于钻孔说法错误的是(　　)。

(A)在车床上钻孔时,容易引起孔径的变化且孔径的直线度无法保证

(B)钻削时钻头两切削刃径向力不等将引起孔径扩大

(C)钻削切屑较宽,在孔内被迫卷为螺旋状,流出时与孔壁发生摩擦而刮伤已加工表面

(D)在钻床上钻孔时容易引起孔的轴线偏移和不直,但孔径无显著变化

55. 下列关于螺纹说法错误的是(　　)。

(A)攻螺纹是用丝锥在工件的光孔内加工出内螺纹的方法

(B)套螺纹是用板牙在工件光轴上加工出螺纹的方法

(C)铣螺纹比车螺纹的加工精度低,R_a 值略大,但铣螺纹生产效率高,适用于大批量生产

(D)磨螺纹工艺只适合加工非热处理的螺纹

56. 下列加工方法是靠工件的塑性变形来获得螺纹的是(　　)。

(A)螺纹磨削　(B)螺纹滚压　(C)螺纹车削　(D)螺纹铣削

57. 下列不属于剖视图的是(　　)。

(A)斜剖视图　(B)全剖视图　(C)半剖视图　(D)局部剖视图

58. 下列关于低压熔断器说法错误的是(　　)。

(A)熔体额定电流不能大于熔断器的额定电流

(B)可以用不易熔断的其他金属丝代替

(C)安装时熔体两端应接触良好

(D)更换熔体时应切断电源,不应带电更换熔断器

59. 下列关于低压熔断器及其工作原理说法错误的是(　　)。

(A)过载动作的物理过程主要是热熔化过程

(B)短路主要是电弧的熄灭过程

(C)熔断器的保护特性也就是熔体的熔断特性

(D)所谓安秒特性是指熔体的熔化电流与溶化电压的关系

60. 下列不属于万用表的测量数据的是(　　)。

(A)电阻　(B)电流　(C)电压　(D)电场

61. 下列不属于机械设备的电气工程图的是(　　)。

(A)电气原理图　(B)电器位置图　(C)安装接线图　(D)电器结构图

62. 下列不属于主令电器的是(　　)。

(A)按钮　(B)行程开关　(C)主令控制器　(D)刀开关

63. 下列属于电击式触电对人体造成的伤害是(　　)。

(A)麻刺　(B)严重心率不齐

(C)皮肤金属化　(D)心跳停止

64. 下列不属于机械伤害的是(　　)。

(A)夹击伤害　(B)碰撞伤害　(C)剪切伤害　(D)皮肤金属化

65. 下列有关机械安全说法错误的是(　　)。

(A)链传动与皮带传动中,带轮容易把工具或人的肢体卷入

(B)当链和带断裂时,容易发生接头抓带人体、皮带飞起伤人

(C)传动过程中的摩擦和带速高等原因也容易使传动带产生静电,产生静电火花,容易引起火灾和爆炸

(D)许多旋转机械易造成挤压伤害事故,为了避免擦伤,应戴手套操作

66. 下列关于我国环境保护法说法错误的是(　　)。

(A)该法适用于中华人民共和国领域和中华人民共和国管辖的其他海域

(B)国家制定的环境保护规划必须纳入国民经济和社会发展计划,国家采取有利于环境保护的经济、技术政策和措施使环境保护工作同经济建设和社会发展相协调

(C)国家鼓励环境保护科学教育事业的发展,加强环境保护科学技术的研究和开发,提高

保护科学技术水平,普及环境保护的科学知识

(D)一切单位和个人都有保护环境的义务,但无权对污染和破坏环境的单位和个人进行检举和控告

67. 关于环境监督管理说法错误的是( )。

(A)国务院环境保护行政主管部门制定国家环境质量标准

(B)凡是向已有地方污染物排放标准的区域排放污染物的,应当执行国家污染物排放标准

(C)国务院和省、自治区、直辖市人民政府的环境保护行政主管部门应当定期发布环境公报

(D)建设污染环境的项目,必须遵守国家有关建设项目环境保护管理的规定

68. 关于质量管理体系,下列说法错误的是( )。

(A)预防措施是指为消除潜在不合格或其他潜在不期望情况的原因所采取的措施

(B)纠正措施是指为消除已发现的不合格或其他不期望情况的原因所采取的措施

(C)返工是指为使不合格产品符合要求而对其采取的措施

(D)返工和返修所能达到的效果相同

69. 下列关于《质量管理体系 要求》(GB/T 19001—2008)中对 PDCA 解释不正确的是( )。

(A)PDCA 为策划、实施、检查、处置的缩写

(B)PDCA 中 P 代表策划

(C)PDCA 中 D 代表检查

(D)PDCA 中 A 代表处置

70. 下列关于质量体系的内部审核说法错误的是( )。

(A)在 ISO 9000"2.8 质量管理体系评价"中指出,内部审核是质量管理体系评价的一种方法

(B)组织应将内部审核的各项要求在文件的程序中作出规定

(C)审核员可以审核自己的工作

(D)策划、实施、审核以及报告结果要形成记录并保持

71. 尺寸链组成环中,由于该环减小使封闭环增大的环称为( )。

(A)增环　(B)闭环　(C)减环　(D)间接环

72. 剖视图主要用于表达零部件( )的结构形状。

(A)外部　(B)内部　(C)侧面　(D)背面

73. 斜齿圆锥齿轮用于( )之间的传动。

(A)两轴平行　(B)两轴垂直　(C)两轴相错　(D)两轴相交

74. 划分工序的主要依据是零件加工过程中( )是否变动。

(A)操作工人　(B)操作内容　(C)工作地　(D)工件

75. 超精磨时,余量一般为( )μm。

(A)3～5　(B)5～10　(C)10～15　(D)15～20

76. ( )具有良好的润滑和防锈性能,多用于磨削钢铁。

(A)69-1 乳化液　(B)NL 乳化液　(C)极压乳化液　(D)420 号磨削液

77. 磨削螺旋滚刀的前刀面时，必须用碟形砂轮的(　　)磨削，否则将发生干涉。

(A)周面　(B)锥面　(C)端面　(D)任意面

78. 圆锥孔工件在短圆锥上定位相当于限制了(　　)个自由度。

(A)3　(B)4　(C)5　(D)6

79. 两顶尖磨削轴外径时，当轴两端中心孔椭圆时，它将直接反映到工件上去，使磨削后的外圆产生(　　)。

(A)椭圆形　(B)圆形　(C)菱形　(D)方形

80. 用斜楔直接夹紧工件时，所产生的夹紧力是原始力的(　　)倍左右。

(A)3　(B)6　(C)10　(D)20

81. 在大批大量生产中，最适宜选用(　　)夹具。

(A)通用　(B)成组　(C)专用　(D)随行

82. 组合夹具中定位元件主要用于确定各元件之间或元件与(　　)之间的相对位置关系，以保证夹具的组装精度。

(A)工件　(B)机床　(C)刀具　(D)工作台

83. 通常夹具的制造误差应是工件在该工序中允许误差的(　　)。

(A)1～3倍　(B)1/100～1/10　(C)1/5～1/3　(D)工序误差

84. 低粗糙度值磨削钢件和铸件时，宜选用(　　)类磨料砂轮。

(A)碳化硅　(B)刚玉　(C)人造金刚石　(D)超硬

85. 干涉法是利用(　　)干涉原理来测量表面粗糙度的。

(A)电波　(B)声波　(C)光波　(D)电磁波

86. 数控系统中用于控制主轴转速和刀具功能的代码分别是(　　)。

(A)G代码和F代码　(B)G代码和T代码

(C)S代码和T代码　(D)T代码和F代码

87. G02 X20 Y20 R－10 F100 所加工的一般是(　　)。

(A)整圆　(B)90°(夹角360°的圆弧)

(C)180°(夹角360°的圆弧)　(D)270°(夹角360°的圆弧)

88. 下列指令，说法错误的是(　　)。

(A)G02：顺时针圆弧插补　(B)G03：逆时针圆弧插补

(C)G41：刀具直径补偿，轮廓左侧　(D)G42：刀具半径补偿，轮廓右侧

89. SINUMERIK数控系统固定循环指令中，用于表示多次(径向)切入磨削循环的指令是(　　)。

(A)CYCLE410　(B)CYCLE411　(C)CYCLE412　(D)CYCLE413

90. FANUC数控程序中，用于子程序结束的指令是(　　)。

(A)M96　(B)M97　(C)M98　(D)M99

91. 数控程序编程中对几何图形数学处理时，当被加工零件轮廓曲线形状与机床的插补功能不一致时，编程时用直线段或圆弧段去逼近被加工曲线，这时逼近线段与被加工曲线的交点就称为(　　)。

(A)基点　(B)交点　(C)坐标点　(D)原点

92. 数控机床如长期不用时，最重要的日常维护工作是(　　)。

(A)清洁　(B)干燥　(C)通电　(D)润滑

93. 数控机床工作时,当发生任何异常现象需要紧急处理时应启动(　　)。

(A)程序停止功能　(B)暂停功能

(C)紧停功能　(D)观察后再决定

94. 数控机床中最典型的进给装置是(　　)。

(A)齿轮齿条传动系统　(B)静压导轨

(C)滚珠丝杠传动系统　(D)滚动导轨

95. 数控机床加工调试中遇到问题想停机应先停止(　　)。

(A)冷却液　(B)主运动　(C)进给运动　(D)辅助运动

96. 在直角坐标系中,可使相邻节点间的 X 或 Y 坐标增量(　　)。

(A)相等　(B)不相等　(C)X 大　(D)Y 大

97. 液压传动是用(　　)作为工作介质来传递能量和进行控制的传动方式。

(A)液体　(B)固体　(C)乳状体　(D)水油混合物

98. 数控机床的标准坐标系是以(　　)来确定的。

(A)右手直角笛卡尔坐标系　(B)绝对坐标系

(C)相对坐标系　(D)空间立体坐标系

99. 在数控机床坐标系中平行机床主轴的直线运动为(　　)。

(A)X 轴　(B)Y 轴　(C)Z 轴　(D)A 轴

100. 选择 ZX 平面的指令是(　　)。

(A)G17　(B)G18　(C)G19　(D)G20

101. 数控编程人员在数控编程和加工时使用的坐标系是(　　)。

(A)右手直角笛卡尔坐标系　(B)机床坐标系

(C)工件坐标系　(D)直角坐标系

102. (　　)是指机床上一个固定不变的极限点。

(A)机床原点　(B)工件原点　(C)换刀点　(D)对刀点

103. 机床坐标系判定方法采用右手直角笛卡尔坐标系,增大工件和刀具之间距离的方向是(　　)。

(A)负方向　(B)正方向　(C)任意方向　(D)条件不足不确定

104. 在数控机床坐标系中垂直机床主轴的直线运动为(　　)。

(A)X 轴　(B)Y 轴　(C)Z 轴　(D)A 轴

105. ISO 标准规定增量尺寸方式的指令为(　　)。

(A)G90　(B)G91　(C)G92　(D)G93

106. 主轴转速功能字的地址符是(　　),用于指定主轴转速,单位为 r/min。

(A)T　(B)S　(C)G　(D)F

107. 下列指令不能设立工件坐标系的是(　　)。

(A)G54　(B)G92　(C)G55　(D)G91

108. 数控装置将所收到的信号进行一系列处理后,再将其处理结果以(　　)形式向伺服系统发出执行命令。

(A)输入信号　(B)位移信号　(C)反馈信号　(D)脉冲信号

109. 程序中指定了(　　)时,刀具半径补偿被撤销。

(A)G40　(B)G41　(C)G42　(D)G43

110. 设G01 X30 Z6执行G91 G01 Z15后,正方向实际移动量为(　　)。

(A)9 mm　(B)21 mm　(C)15 mm　(D)30 mm

111. 设备的三级保养不包括(　　)。

(A) 例行保养　(B) 一级保养　(C) 二级保养　(D) 三级保养

112. 圆弧插补指令G03 X_Y_R_中,X、Y后的值表示圆弧的(　　)。

(A)起点坐标值　(B)终点坐标值

(C)圆心坐标相对于起点的值　(D)圆心坐标相对于终点的值

113. CBN刀具是指(　　)材料。

(A)立方氮化硼　(B)人造金刚石　(C)金属陶瓷　(D)陶瓷

114. 当加工一个外轮廓零件时,常用G41/G42来偏置刀具。如果加工出的零件尺寸大于要求尺寸,只能再加工一次,但加工前要进行调整,而最简单的调整方法是(　　)。

(A)更换刀具　(B)减小刀具参数中的半径值

(C)加大刀具参数中的半径值　(D)修改程序

115. 刀具长度正补偿是(　　)指令。

(A)G43　(B)G44　(C)G49　(D)G52

116. 在G43 G01 Z15 H15语句中,H15表示(　　)。

(A)Z轴的位置是15　(B)刀具表的地址是15

(C)长度补偿值是15　(D)半径补偿值是15

117. 数控机床每次接通电源后在运行前首先应做的是(　　)。

(A)给机床各部分加润滑油　(B)检查刀具安装是否正确

(C)机床各坐标轴回参考点　(D)检查工件是否安装正确

118. G00的指令移动速度值是(　　)。

(A)机床参数指定　(B)数控程序指定

(C)操作面板指定　(D)人工设定

119. 数控机床操作时,每启动一次只进给一个设定单位的控制称为(　　)。

(A)单步进给　(B)点动进给　(C)单段操作　(D)步进操作

120. 打开机床总电源开关和机床电源开关,电源不能接通的原因分析错误的是(　　)。

(A)电源输入端熔断器熔芯熔断或爆断

(B)机床电源进线断

(C)机床总电源开关或电源开关坏

(D)短路

121. 程序编制中首件试切的作用是(　　)。

(A)检验零件图样的正确性

(B)检验零件工艺方案的正确性

(C)检验程序的正确性,并检查是否满足加工精度要求

(D)仅检验数控穿孔带的正确性

122. 在CRT/MDI面板的功能键中,用于刀具偏置数设置的键是(　　)。

(A)POS　(B)OFSET　(C)PRGRM　(D)ADSBH

123. 在CRT/MDI面板的功能键中,用于程序编制的键是(　　)。

(A)POS　(B)PRGRM　(C)ALARM　(D)ADSHN

124. 数控程序编制功能中常用的插入键是(　　)。

(A)INSRT　(B)ALTER　(C)DELET　(D)ADSH

125. 磨削细长轴时,尾座顶尖的顶紧力应比一般磨削(　　)。

(A)小很多　(B)大些　(C)小些　(D)相同

126. 磨削细长轴时,转速的选择与相同直径的短工件比较应(　　),吃刀深度要小一些。

(A)小一些　(B)大一些　(C)相等　(D)无所谓

127. 两顶尖装夹磨削细长轴时,为了提高工件精度,最好采用(　　)来带动工件旋转,使拨动力得到平衡,这样可以提高加工精度。

(A)单拨杆　(B)双拨杆　(C)无拨杆　(D)梅花顶尖

128. 机械制造中,国家标准中常用的标准圆锥有莫氏圆锥和(　　)圆锥。

(A)公制　(B)美制　(C)英制　(D)日制

129. 公制圆锥的锥度 K 为(　)

(A)1∶10　(B) 1∶20　(C) 1∶30　(D)1∶40

130. 在磨床上磨削齿轮的内孔时,最佳的定位基准应该是(　　)。

(A)外径　(B)台肩　(C)分度圆　(D)齿根圆

131. G50 X200.0 Z100.0 指令表示(　)

(A)机床回零　(B)原点检查　(C)刀具定位　(D)工件坐标系设定

132. 数控编程时,应首先设定(　　)。

(A)机床原点　(B)固定参考点　(C)机床坐标系　(D)工件坐标系

133. 在数控机床上,确定坐标轴的先后顺序为(　　)。

(A)X 轴→Y 轴→Z 轴　(B)X 轴→Z 轴→Y 轴

(C)Z 轴→Y 轴→X 轴　(D)Z 轴→X 轴→Y 轴

134. CNC装置的硬件结构按照控制功能的复杂程度可分为单微处理机硬件结构和(　　)。

(A)双微处理机硬件结构　(B)三微处理机硬件结构

(C)四微处理机硬件结构　(D)五微处理机硬件结构

135. (　　)是CNC装置的核心。

(A)微处理器　(B)内存　(C)硬盘　(D)网卡

136. 用于指令动作方式的准备功能的指令代码是(　　)。

(A)F代码　(B)G代码　(C)T代码　(D)S代码

137. 用于机床开关指令的辅助功能的指令代码是(　　)。

(A)F代码　(B)S代码　(C)M代码　(D)X代码

138. 用于机床刀具编号的指令代码是(　　)。

(A)F代码　(B)T代码　(C)M代码　(D)Y代码

139. 在下列数控车床G功能代码中,(　　)是设定恒线速度控制。

(A)G96　(B)G97　(C)G98　(D)G99

140. 数控机床工作台的上下运动坐标轴是(　　)。

(A)X 轴　(B)Y 轴　(C)Z 轴　(D)C 轴

141. 辅助功能中表示无条件程序暂停的指令是(　　)。

(A)M00　(B)M01　(C)M02　(D)M30

142. 辅助功能中表示程序计划停止的指令是(　　)。

(A)M00　(B)M01　(C)M02　(D)M30

143. 辅助功能中与主轴有关的 M 指令是(　　)。

(A)M06　(B)M09　(C)M08　(D)M05

144. 在辅助功能指令中,(　　)表示子程序调用指令。

(A)M96　(B)M97　(C)M98　(D)M99

145. 磨削螺纹时,单线法较多线法精度(　　)。

(A)高　(B)相等　(C)低　(D)无法确定

146. 在蜗杆传动中,要获得大的传动比,可取 $Z_1=1$,这时的传动效率(　　)。

(A)较高　(B)较低　(C)很高　(D)很低

147. 下列主要用来检验圆形工件的同轴度、跳动度的量具是(　　)。

(A)千分尺　(B)百分表　(C)卡规　(D)样板

148. 量块按级使用时,取用它的(　　)尺寸。

(A)基本　(B)平均　(C)实际　(D)公差

149. 工件外圆的(　　)公差带是直径为公差值 ϕt 的圆柱面内的区域,该圆柱面的轴线与基准轴线同轴。

(A)轴线同轴度　(B)点的同心度　(C)圆度　(D)圆柱度

150. 用锥度塞规测量内锥孔时,如果塞规过端未进入锥孔,说明锥孔(　　)。

(A)太小　(B)太大　(C)符合要求　(D)超差

151. 将被检测的工件表面与粗糙度标准样块进行比较,来确定工件表面粗糙度的方法称为(　　)。

(A)比较量法　(B)接触测量法

(C)不接触测量法　(D)模拟法

152. 精加工时,影响表面粗糙度的主要因素是(　　)。

(A)切削速度　(B)进给量

(C)刀具几何角度　(D)操作方式

153. (　　)是利用三角函数原理测量角度的一种精密量具。

(A)正弦规　(B)角度尺　(C)万能角度尺　(D)量角仪

154. 精度为 0.02 mm 的游标卡尺,其原理是将主尺上 49 mm 等于副尺上(　　)格刻度线的宽度。

(A)49　(B)51　(C)19　(D)50

155. 人们习惯上称的“黄油”是指(　　)。

(A)钠基润滑脂　(B)铝基润滑脂　(C)钙基润滑脂　(D)烃基润滑脂

156. 外圆磨削时,下列措施不是减少工件表面螺旋形痕迹的是(　　)。

(A)降低工作台纵向行程速度　(B)及时修整砂轮

(C)适当减小磨削深度　(D)使砂轮两侧棱边尖锐

157. 三针法配合外径千分尺是用于度量螺纹的(　　)。
(A)大径　(B)小径　(C)底径　(D)中径
158. 螺纹检验需要时也可用(　　)检验外螺纹大径或内螺纹小径。
(A)游标卡尺　(B)千分尺　(C)螺纹样板　(D)光滑极限量规
159. 影像法测量的螺纹主要参数有(　　)、牙型半角和螺距。
(A) 内螺纹小径　(B)外螺纹大径　(C)外螺纹中径　(D)外螺纹小径
160. 通常把砂轮线速度超过(　　)的磨削称为高速磨削。
(A)40 m/s　(B)50 m/s　(C)60 m/s　(D)70 m/s
161. 工件的同一个自由度被两个或两个以上的支承点重复限制的定位,称为(　　)。
(A)完全定位　(B)欠定位　(C)过定位　(D)限制定位
162. 工件坐标系是编程人员编程时建立的坐标系,(　　)是工件坐标系的原点。
(A)坐标零点　(B)机床零点　(C)图纸零点　(D)工件零点
163. 数控机床上,按规定平行于机床主轴的刀具运动坐标为(　　)。
(A)X 坐标轴　(B)Y 坐标轴　(C)C 坐标轴　(D)Z 坐标轴
164. 刀具半径补偿是在刀具移动轨迹的(　　)进行补偿。
(A)垂直方向　(B)平行方向　(C)前进方向　(D)反方向

三、多项选择题

1. 下列满足正投影条件的是(　　)。
(A)清晨阳光映射在工件上的投像
(B)平行光垂直映射在投影的工件表面得到投影
(C)投影线与投影面垂直
(D)平行光以 45°映射在工件表面上得到投影
2. 图 4 的左视图,错误的是(　　)。

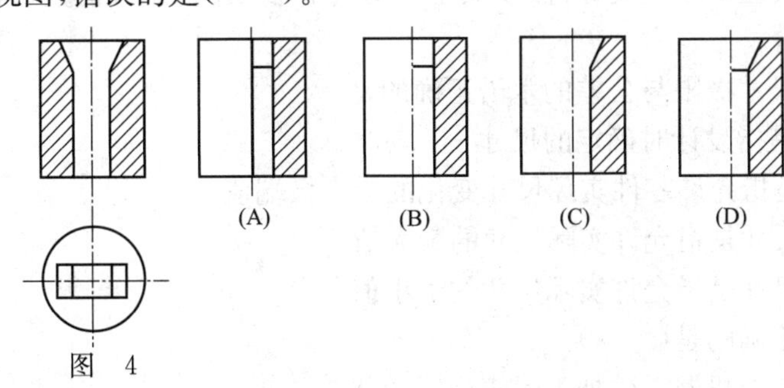

图　4

3. 图 5 的左视图,错误的是(　　)。

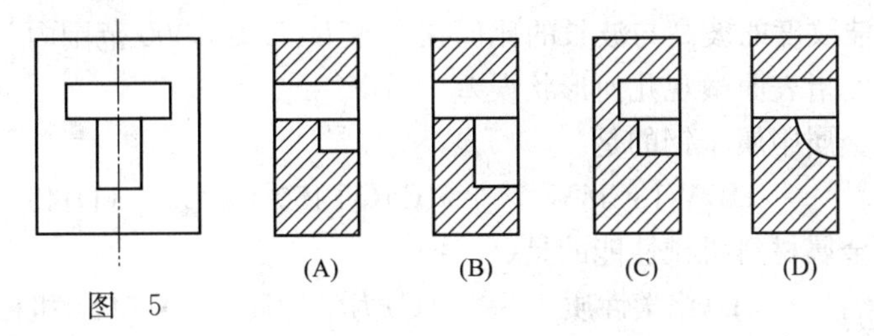

图　5

4. 零件图尺寸标注时应注意(　　)。
(A)正确选择尺寸基准　　(B)直接注出重要的尺寸
(C)避免出现封闭的尺寸链　　(D)尺寸应便于加工与测量
5. 下列属于装配视图中可用的表达方法是(　　)。
(A)拆卸画法　　(B)拉格朗日投影法
(C)夸大画法　　(D)沿结合面剖切画法
6. 公差主要包括(　　)。
(A)尺寸公差　(B)形状公差　(C)位置公差　(D)粗糙度公差
7. 用框格标注表示形位公差的设计要求,在相应方框中依次应该填写的内容是(　　)。
(A)形位公差特征符号　　(B)形位公差数值和有关符号
(C)基准符号和有关符号　　(D)基准公差值
8. 下列属于形位公差组成要素的是(　　)。
(A)带箭头的指引线
(B)公差框格
(C)形位公差的特征项目符号、公差数值和有关符号
(D)零件的轴线
9. 下列说法正确的是(　　)。
(A)基孔制是指基本偏差一定的孔的公差带与基本偏差不同的轴的公差带形成各种配合的一种制度
(B)基轴制是指基本偏差一定的轴的公差带与基本偏差不同的孔的公差带形成各种配合的一种制度
(C)孔的公差带完全位于轴的公差带之上,任取其中一对孔和轴相配,都成为具有过盈的配合
(D)孔和轴的公差带相互交叠,任取其中一对孔和轴相配合,可能具有间隙,也可能具有过盈的配合
10. 下列有关尺寸极限与公差的术语正确的是(　　)。
(A)实际尺寸是指设计时确定的尺寸
(B)极限尺寸是指允许零件实际尺寸变化的两个极端值
(C)最大极限尺寸是指允许实际尺寸的最大值
(D)最小极限尺寸是指允许实际尺寸的最小值
11. 下列说法正确的是(　　)。
(A)表面质量是指机器零件加工后表面层的状态
(B)表面质量是指表面层的物理机械性能
(C)零件表面波纹度的波高与波长的比值在 $40 \leqslant L/H \leqslant 1\,000$ 范围内
(D)表面粗糙度指表面微观几何形状误差
12. 下列钢铁金属中属于钢的是(　　)。
(A)HT200　(B)W18Cr4V　(C)QT450-10　(D)45
13. 下列属于金属材料机械性能的是(　　)。
(A)物理性质　(B)化学性质　(C)力学性质　(D)机械加工特性

14. 下列不属于金属材料工艺性能的是(　　)。
(A)铸造性能　(B)疲劳强度　(C)冲击韧度　(D)切削加工性能
15. 下列金属材料中属于铸铁材料的是(　　)。
(A)40Cr　(B)45　(C) HT200　(D)QT450-10
16. 下列对钢的调质处理说法正确的是(　　)。
(A)调质处理可使钢的性能得到大幅度调整,使其具有良好的机械性能
(B)调质后得到的是回火马氏体
(C)调质处理是指淬火后高温回火的处理方式
(D)调质后得到的是平衡组织铁素体＋珠光体
17. 下列关于钢号为36Mn2Si的合金结构钢说法正确的是(　　)。
(A)含碳量为0.36%　(B)Mn的含量大约为2%
(C)硅的含量大约为2%　(D)该合金钢除了Mn和Si不含其他元素
18. 下列关于钢号为00Cr18Ni10的不锈钢说法正确的是(　　)。
(A)该型号不锈钢的含碳量为0　(B)该型号不锈钢的含碳量小于0.08%
(C)该型号不锈钢的含Cr量为18%　(D)该型号不锈钢的含Ni量为10%
19. 下列属性属于铝及铝合金性质的是(　　)。
(A)纯铝在空气中会形成一层致密的氧化膜,阻止铝继续被氧化
(B)工业纯铝含有Fe和Si等杂质,随着杂质质量分数的提高,铝的强度提高,塑性、导电性和耐腐蚀性降低
(C)固态铝无同素异构的转变,因此不能像钢一样借助于热处理相变强化
(D)铝合金淬火固溶处理后再进行时效处理,对铝合金的强度没有影响
20. 下列关于聚合反应说法正确的是(　　)。
(A)高聚物是由一种或者几种单质聚合而成的
(B)加聚反应是由一种或几种单体聚合反应而形成高聚物的反应
(C)缩聚反应在形成高分子化合物的同时还会形成其他低分子物质
(D)高聚物是由特定的结构单元多次重复连接而成的
21. 下列关于低合金钢说法正确的是(　　)。
(A)在低碳钢中加入Mn是为了强化组织中的珠光体
(B)在低碳钢中加入V、Ti、Nb不但可以提高强度,还会消除钢的过热倾向
(C)Q235中加入1%的Mn后得到16Mn钢,而其强度却增加近50%
(D)在16Mn的基础上再多加0.04%～0.12%的钒,材料强度将得到进一步的提升
22. 下列关于低合金钢说法正确的是(　　)。
(A)合金中加入Mn和Si的主要作用是强化珠光体
(B)合金中加入V、Ti、Nb的作用是为了减轻合金质量
(C)合金中的Cu和P可以提高钢的耐腐蚀性
(D)加入少量的稀有元素主要是为了脱硫、除去气体
23. 下列属于工具钢的是(　　)。
(A)碳素工具钢　(B)合金刃具钢　(C)模具钢　(D)量具钢
24. 下列属于特殊性能钢的是(　　)。

(A)不锈钢　　(B)量具钢　　(C)耐热钢　　(D)弹簧钢

25. 下列关于热喷涂技术的应用说法正确的是(　　)。

(A)耐腐蚀涂层——喷涂 Al、Zn 及 Al-Zn 合金涂层,用于大型构件的防腐蚀处理

(B)耐磨涂层——喷涂各种铁基、镍基和钴基耐磨合金涂层,用于提高零件表面耐磨性能

(C)耐高温喷涂——用于改善金属材料的抗高温氧化性能,如用等离子喷涂陶瓷涂层

(D)热喷涂过程是一个比较复杂的物理过程,涂层内基本不存在空隙

26. 下列材料属于橡胶材料的是(　　)。

(A)NR　　(B)SBR　　(C)POM　　(D)PC

27. 下列属于链传动失效形式的是(　　)。

(A)链条疲劳破坏　　(B)链条铰链的磨损

(C)链条铰链的胶合　　(D)链条静力破坏

28. 下列属于车削加工特点的是(　　)。

(A)易于保证各加工面之间的位置精度

(B)切削过程比较平稳

(C)切削加工的经济精度 IT9~IT13

(D)刀具简单

29. 在零件图上能反映加工精度的是(　　)。

(A)尺寸公差　　(B)表面材质大的变化

(C)形状公差　　(D)位置公差

30. 下列说法正确的是(　　)。

(A)轴上部分零件可以采用过渡配合

(B)加工轴类零件时不必考虑零件所需的滑动距离

(C)为便于导向和避免擦伤配合面,轴的两端及有过盈配合的台阶处应制成倒角

(D)为减少加工刀具的种类和提高劳动生产率,轴上的倒角、圆角、键槽等应尽可能取相同尺寸

31. 下列关于液体压强的说法正确的是(　　)。

(A)如果流量稳定,液压油缸直径越小,活塞运动速度越慢

(B)压力作用于密闭液体时,施加的压力丝毫不减地向各个方向传递,其作用于各部位的力相等

(C)大部分液压系统使用油,这是由于油几乎是不可压缩的

(D)油可以在液压系统中起润滑剂作用

32. 选择砂轮硬度时应该考虑的因素有(　　)。

(A)砂轮的大小　　(B)磨削的性质　　(C)工件的性质　　(D)工件的导热性

33. 下列关于砂轮硬度选择正确的是(　　)。

(A)磨削软材料时要选较硬的砂轮,磨削硬材料时则要选软砂轮

(B)磨削软而韧性大的有色金属时,硬度应选得硬一些

(C)磨削导热性差的材料应选较软的砂轮

(D)端面磨比圆周磨削时,砂轮硬度应选软些

34. 切削运动包括(　　)。

(A)主运动　(B)热运动　(C)进给运动　(D)平面运动

35. 切削层横截面包括(　　)。

(A)切削宽度 a_w　(B)切削厚度 a_c　(C)切削面积 A_c　(D)背吃刀量 a_p

36. 下列属于万能量具的是(　　)。

(A)游标卡尺　(B)千分尺　(C)百分表　(D)激光测绘仪

37. 下列属于游标卡尺可以测试的数据有(　　)。

(A)长度　(B)厚度　(C)内径　(D)曲率

38. 下列说法正确的是(　　)。

(A)螺旋测微器可以测量正在旋转的工件

(B)擦拭干净后使两测量爪的测量面合拢(借用标准杆),检查漏光和示值误差

(C)测微螺杆的轴线应垂直零件被测表面,转动微分筒接近工件被测工作表面时,再转动测力装置上的棘轮使测微螺杆的测量面接触工件表面,避免损坏螺纹传动副

(D)读数时,最好不要从工件上取下千分尺,如有必要取下读数时应先锁紧测微螺杆,防止尺寸变动产生测量误差;读数时看清整数部分和 0.5 mm 的刻线

39. 下列关于百分表说法正确的是(　　)。

(A)测量时测量杆应垂直零件被测平面,测量圆柱面的直径时测量杆的中心线要通过被测圆柱面的轴线

(B)利用百分表座、磁性表架和万能表架等辅助对工件的直线度、垂直度及平行度误差以及跳动误差进行测量

(C)测量头开始与被测表面接触时,测量杆应下压 0.5 mm 左右,以保持一定的初始测量力

(D)移动工件时应提起测量头避免损坏量仪

40. 下列关于工件六点定位原理说法正确的是(　　)。

(A)完全定位——工件的六个自由度全部被夹具中的定位元件所限制,而在夹具中占有完全确定的唯一位置,称为完全定位

(B)不完全定位——根据工件加工表面的不同加工要求,定位支承点的数目可以少于六个,有些自由度对加工要求有影响,有些自由度对加工要求无影响,这种定位情况称为不完全定位。不完全定位是允许的

(C)欠定位——按照加工要求应该限制的自由度没有被限制的定位称为欠定位。欠定位是不允许的,因为欠定位保证不了加工要求

(D)过定位——工件的一个或几个自由度被不同的定位元件重复限制的定位称为过定位

41. 下列关于数控车床刀具的说法正确的是(　　)。

(A)当机床上没有配置刀具时,自动换刀将无法实现

(B)G45～G48 为模态代码,仅在指令程序段有效

(C)G45 IP_D_按偏置存储器的值增加移动量

(D)G46 IP_D_按偏置存储器的值减少移动量

42. 用数控机床加工零件时的主要步骤为(　　)。

(A)根据零件图纸上的零件形状、尺寸和技术要求进行工艺分析

(B)程序设计及编程

(C)程序输入机床
(D)机床按照程序加工零件
43. 数控机床按伺服控制方式可分为(   )。
(A)开环控制数控机床 (B)点位控制数控机床
(C)半闭环控制数控机床 (D)闭环控制数控机床
44. 使用刀具补偿功能编程时,(   )。
(A)可以不考虑刀具半径 (B)可以直接按加工工件轮廓编程
(C)无需求出刀具中心的运动轨迹 (D)可以用同一程序完成粗、精加工
45. 机床原点是(   )。
(A)机床上的一个固定点 (B)工件上的一个固定点
(C)由 Z 向与 X 向的机械档块确定 (D)由制造厂确定
46. 数控加工适用于(   )。
(A)形状复杂的零件 (B)加工部位分散的零件
(C)多品种小批量生产 (D)表面相互位置精度要求高的零件
47. 下列关于数控车床坐标系和工件坐标系说法正确的是(   )。
(A)数控车床标准坐标系可用左手法则确定
(B)数控车床某一运动部件的正方向规定为增大刀具与工件间距离的方向
(C)编程原点选择应尽可能与图纸上的尺寸标注基准重合
(D)程序段格式代表尺寸数据的尺寸字可只写有效数字
48. 下列有关程序段说法正确的是(   )。
(A)通常程序段落由若干个程序段字组成
(B)程序段号一般由地址符 N 和后续四位数字组成
(C)G 准备功能代码地址符,为数控机床准备某种运动方式而设定
(D)T 为辅助功能代码,用于数控机床的一些辅助功能
49. 关于 G 代码,下列说法正确的是(   )。
(A)G 代码分为模态代码和非模态代码
(B)同一组 G 代码在同一程序般中一般可同时出现多次
(C)G41 功能为刀具左补偿
(D)G42 功能为刀具右补偿
50. 对于同一曲线,在相同容差要求下,采用(   )可减少节点数目。
(A)等误差法 (B)等步长法
(C)圆弧逼近插补法 (D)直线逼近插补法
51. 下列属于划线绘画工具的是(   )。
(A)划线盘 (B)C 型夹头 (C)V 形铁 (D)高度游标尺
52. 下列关于锉削加工说法正确的是(   )。
(A)半精加工时,在细锉上涂上粉笔灰让其容屑空间减少,这样可以使锉刀既保持锋利,又避免容屑槽中的积屑过多而划伤工件表面
(B)粗锉加工时可以加大力度,这样就可以用最短的时间去掉最多的余量
(C)锉削时切忌用油石和砂布

(D)为了避免人为误差,加工余量可以大于 0.5 mm

53. 关于铰孔加工,下列说法正确的是(　　)。

(A)铰削时的背吃刀量为铰削余量的一半,切削速度越低,表面粗糙度值越小

(B)铰削时由于切屑少而且铰刀上有修光部分,进给量可取大些

(C)铰孔时,切削液对孔的扩张量及孔的表面粗糙度有一定的影响

(D)铰孔前一般先车孔或扩孔,并留出铰孔余量,余量的大小不影响铰孔质量

54. 下列属于连接螺纹的是(　　)。

(A)普通螺纹　　(B)管螺纹　　(C)梯形螺纹　　(D)矩形螺纹

55. 下列关于螺纹滚压说法正确的是(　　)。

(A)螺纹滚压一般在滚丝机、搓丝机或在附装自动开合螺纹滚压头的自动车床上进行

(B)滚压螺纹的外径一般不超过 25 mm,长度不大于 100 mm

(C)螺纹精度可达 2 级(GB 197—2003)

(D)滚压一般不能加工外螺纹

56. 下列属于电容器表示方法的是(　　)。

(A)直标法　　(B)色系表示法　　(C)数码表示法　　(D)色码表示法

57. 下列关于低压熔断器说法正确的是(　　)。

(A)熔体额定电流不能大于熔断器的额定电流

(B)不能用不易熔断的其他金属丝代替

(C)安装时熔体两端应接触良好

(D)更换熔体时不必切断电源,可带电更换熔断器

58. 下列关于万用表的说法错误的是(　　)。

(A)测量电流与电压不能旋错挡位,如果误将电阻挡或电流挡去测电压,极易烧坏电表

(B)测量电阻时,不要用手触及元件的裸体两端(或两支表棒的金属部分),以免人体电阻与被测电阻并联,使测量结果不准确

(C)万用表不用时,将旋钮调至电阻挡并妥善放置

(D)如果不知道被测电压或电流的大小,应先用最高挡,所测得的数值不影响精确度

59. 低压电器常用的灭弧方法有(　　)。

(A)灭弧罩灭弧　　(B)氦气隔离灭弧

(C)磁吹式灭弧　　(D)多纵缝灭弧

60. 下列属于直接接触触电的是(　　)。

(A)单相触电　　(B)两相触电　　(C)电弧伤害　　(D)静电触电

61. 机床旋转部件的危害因素有(　　)。

(A)对向旋转部件的咬合

(B)飞出的装夹具和机械部件

(C)旋转部件和呈切线运动部件面的咬合

(D)旋转轴

(E)旋转部件和固定部件的咬合

62. 国家污染排放标准是根据(　　)制定的。

(A)国家环境质量标准　　(B)我国经济状况

(C)国家排污单位的技术条件　　(D)国家资源总量

63. 关于环境监督管理说法正确的是(　　)。

(A)国务院环境保护行政主管部门制定国家环境质量标准

(B)凡是向已有地方污染物排放标准的区域排放污染物的,应当执行国家污染物排放标准

(C)国务院和省、自治区、直辖市人民政府的环境保护行政主管部门应当定期发布环境公报

(D)建设污染环境的项目,必须遵守国家有关建设项目环境保护管理的规定

64. 关于质量管理体系,下列说法正确的是(　　)。

(A)预防措施是指为消除潜在不合格或其他潜在不期望情况的原因所采取的措施

(B)纠正措施是指为消除已发现的不合格或其他不期望情况的原因所采取的措施

(C)返工是指为使不合格产品符合要求而对其采取的措施

(D)返工和返修所能达到的效果相同

65. 下列关于《质量管理体系　要求》(GB/T 19001—2008)中对 PDCA 的解释正确的是(　　)。

(A)PDCA 为策划、实施、检查、处置的缩写

(B)PDCA 中 P 代表策划

(C)PDCA 中 D 代表检查

(D)PDCA 中 A 代表处置

66. 下列关于质量体系的内部审核说法正确的是(　　)。

(A)在 ISO 9000"2.8 质量管理体系评价"中指出,内部审核是质量管理体系评价的一种方法

(B)组织应将内部审核的各项要求在文件的程序中作出规定

(C)审核员可以审核自己的工作

(D)策划、实施、审核以及报告结果要形成记录并保持

67. 下列特征项目不属于形状公差的是(　　)。

(A)平面度　(B)平行度　(C)圆度　(D)同轴度

68. 视图主要表达零部件外部结构形状,零部件的视图分为(　　)。

(A)基本视图　(B)向视图　(C)局部视图　(D)斜视图

69. 国家标准将配合分为(　　)。

(A)过盈配合　(B)间隙配合　(C)过渡配合　(D)极限配合

70. 在生产过程中直接改变生产对象的(　　)的过程,统称为工艺过程。

(A)尺寸　(B)形状　(C)性能　(D)相对位置关系

71. 影响切削力的主要因素是(　　)。

(A)工件材料　(B)切削用量

(C)刀具几何参数　(D)冷却液

72. 切削液一般应具备(　　)等性能。

(A)润滑　(B)防锈　(C)冷却　(D)清洗

73. 下列磨削齿轮的方法中,正确的是(　　)。

(A)利用双锥面砂轮按展成法磨削　(B)利用双锥面砂轮按范成法磨削

(C)利用两个碟形砂轮按范成法磨削　(D)成型砂轮磨削

74. 工件的装夹包括(　　)两个内容。

(A)定位　(B)测量　(C)夹紧　(D)对刀

75. 防止磨削时振动的措施有(　　)。

(A)对磨床上高速转动的部件做精细平衡

(B)选用合适皮带

(C)提高机床刚性

(D)合理选择切削用量

76. 辅助支撑在夹具中不起(　　)作用。

(A)夹紧　(B)定位　(C)导向　(D)支撑

77. 磨削加工轴类工件装夹前应检查中心孔,不得有(　　)等缺陷,并擦净中心孔。

(A)椭圆　(B)棱圆　(C)碰伤　(D)毛刺

78. 组合夹具的基础元件主要包括(　　)等结构形式。

(A)方形基础板　(B)长方形基础板

(C)圆形基础板　(D)基础角铁

79. 数控夹具一般由(　　)等三部分组成。

(A)夹具体　(B)定位元件　(C)导向元件　(D)夹紧元件

80. 组成砂轮的三要素是(　　)。

(A)磨粒　(B)结合剂　(C)空隙　(D) 标记

81. 下列量具不适合测量精密机床、仪器等导轨的直线度误差的是(　　)。

(A)水平仪　(B)光学平直仪　(C)测长仪　(D)百分表

82. 在 FANUC 数控系统中,下列代码属于模态 G 代码的是(　　)。

(A)G01　(B)G02　(C)G03　(D)G04

83. SINUMERIK 802D 数控系统的固定磨削循环是(　　)。

(A)曲轴磨削循环　(B)凸轮磨削循环　(C)外圆磨削循环　(D)砂轮修整循环

84. 下列调用 FANUC 数控程序中子程序的程序段,正确的是(　　)。

(A)M98 P31110　(B)M98 P1212　(C)M99 P1000　(D)M98 P100

85. 数控加工编程前要对零件的几何特征如(　　)等轮廓要素进行分析。

(A)平面　(B)直线　(C)轴线　(D)曲线

86. 数控机床日常保养中,(　　)部位需不定期检查。

(A)各防护装置　(B)废油池　(C)排屑器　(D)冷却油箱

87. 数控磨床开机前,检查机床(　　)是否正常,磨床是否处在正常状态。

(A)电压　(B)气压　(C)油压　(D)工件

88. 常见的滚珠丝杠副消除间隙和预加载荷的方式有(　　)。

(A)双螺母式　(B)垫片式　(C)差齿式　(D)差动式

89. 磨床故障按有无报警分为(　　)两类。

(A)无报警故障　(B)有报警故障　(C)必然性故障　(D)偶然性故障

90. 在数控机床上进行首件试加工,下列说法正确的是(　　)。

(A)新开始加工的零件要进行试加工

(B)刀具在接近工件之前,用倍率开关使其停止,看刀具位置是否正确

(C)加工过程中要验证切削用量是否合适
(D)只要程序正确、刀具正确,试加工后可以省去对工件的测量步骤

91. 机床漏油分为(　　)等。
(A)渗油　(B)滴油　(C)流油　(D)废油

92. 数控机床中,(　　)可用于表示直线运动轴。
(A)X 轴　(B)Y 轴　(C)Z 轴　(D)U 轴

93. 数控机床中,(　　)可用于表示旋转运动轴。
(A)A 轴　(B)B 轴　(C)C 轴　(D)D 轴

94. 平行于基本坐标中坐标轴的进给轴有(　　)。
(A)U 轴　(B)N 轴　(C)V 轴　(D)W 轴

95. 在极坐标系中,可使相邻节点间的(　　)相等。
(A)转角坐标增量　(B)极限增量
(C)横向坐标增量　(D)径向坐标增量

96. 检验程序正确性的方法包括(　　)。
(A)空运行　(B)图形动态模拟　(C)自动校正　(D)试切削

97. CNC 系统都有直线和圆弧插补功能,对这两种线形组成的编程轨迹,以下转接形式正确的是(　　)。
(A)直线与直线转接　(B)直线与圆弧转接
(C)圆弧与直线转接　(D)圆弧与圆弧转接

98. 非圆弧曲线轮廓有时需转换成直线或圆弧逼近的曲线才能加工,转换的类型有(　　)两种。
(A)曲线逼近　(B)直线逼近　(C)圆弧逼近　(D)渐开线逼近

99. 数控机床控制面板上主要包括(　　)。
(A)显示装置　(B)NC 键盘　(C)MCP　(D)状态灯

100. 磨削细长轴工件前,为了防止或减小变形应增加的工序是(　　)。
(A)校直　(B)防锈　(C)清洗　(D)消除应力

101. 在磨削细长轴时,为了防止工件变形,采取措施合适的是(　　)。
(A)合理选择与修整砂轮　(B)减少尾座顶尖的顶紧力
(C)注意充分冷却　(D)合理选择磨削用量

102. 在磨削细长轴时,下列砂轮选择说法正确的是(　　)。
(A)砂轮硬度选较软的　(B)砂轮硬度选较硬的
(C)砂轮粒度选较粗的　(D)砂轮粒度选较细的

103. 常用的内圆锥面磨削方法有(　　)。
(A)转动头架磨削内圆锥面　(B)转动工作台磨削内圆锥面
(C)转动尾座磨削内圆锥面　(D)转动砂轮架磨削内圆锥面

104. 机械制造中,国家标准中常用的标准圆锥有(　　)。
(A)公制圆锥　(B)莫氏圆锥　(C)英制圆锥　(D)美制圆锥

105. 圆锥的公差通常包括(　　)。
(A)圆锥大端直径公差　(B)圆锥小端直径公差
(C)锥度公差　(D)长度公差

106. 常用的锥度检验量具有(　　)。
(A)万能标准量角器 (B)圆锥量规　(C)角度样板　(D)正弦规
107. CNC 装置的硬件结构按照控制功能的复杂程度可分为(　　)。
(A)单微处理机硬件结构　(B)双微处理机硬件结构
(C)三微处理机硬件结构　(D)四微处理机硬件结构
108. 数控数据信息的输入方式有(　　)。
(A)键盘输入　(B)磁盘输入
(C)通信接口输入　(D)连接上级计算机的 DNC 接口输入
109. 常见的 CNC 装置软件结构形式有(　　)。
(A)前后台型软件结构　(B)中断型软件结构
(C)连续型软件机构　(D)左右型软件结构
110. DPL/MDI 面板一般由(　　)组成。
(A)显示器　(B)软键　(C)MDI 面板　(D)机床面板
111. 在 MDI 键盘中,下列按键属于功能键的是(　　)。
(A)POS　(B)PROG　(C)SYSTE　(D)MESSAGE
112. 高精度轴类零件的精度检验一般包括(　　)。
(A)尺寸精度　(B)形状精度　(C)位置精度　(D)表面粗糙度
113. 圆跳动度包括(　　)。
(A)径向圆跳动度　(B)端面圆跳动度　(C)斜向圆跳动度　(D)轴向圆跳动度
114. 检测工件锥度常用的方法有(　　)。
(A)比较测量法　(B)直接测量法　(C)间接测量法　(D)游标卡尺检测法
115. 工件表面粗糙度的测量方法有(　　)。
(A)比较量法　(B)接触测量法　(C)不接触测量法　(D)模拟法
116. 正弦规中心距有(　　)两种。
(A)100 mm　(B)150 mm　(C)200 mm　(D)250 mm
117. 关于精密量具的使用和保养,下列说法正确的是(　　)。
(A)量具可作为其他工具使用　(B)量具不要放在磁场附近
(C)量具用后要擦干净,并涂防锈油　(D)量具要定期检修
118. 在磨削淬火钢时,可能产生的磨削烧伤有(　　)。
(A)回火烧伤　(B)淬火烧伤　(C)退火烧伤　(D)正火烧伤
119. 螺纹检验的单项检验方法有(　　)。
(A)螺纹千分尺测量普通螺纹中径
(B)三针测量法测量普通螺纹和梯形螺纹中径
(C)工具显微镜测量螺距、中径、牙型半角等
(D)用牙型量规可粗略测量螺纹牙型
120. 常用的螺纹环规测量方法主要有(　　)。
(A)直接用螺纹千分尺测量
(B)用测长机测量螺纹单一中径
(C)用轮廓扫描型仪器测量螺纹全参数

(D)用螺纹校对量规进行综合测量

121. 剖视图可分为(　　)。

(A)全剖视图　(B)半剖视图　(C)局部剖视图　(D)移出断面图

122. 三视图的投影规则是(　　)。

(A)主视、俯视长对正　(B)主视、左视高平齐

(C)左视、俯视宽相等　(D)左视、俯视长相等

123. 制定切削用量时需考虑的因素有(　　)。

(A)加工时间　(B)切削加工生产率

(C)刀具寿命　(D)加工表面粗糙度

124. 在花键轴磨床或万能工具磨床上磨削矩形花键轴内径的方法有(　　)。

(A)用双锥面砂轮外圆磨削　(B)用圆弧形砂轮磨削

(C)用单线砂轮磨削　(D)用宽砂轮磨削

125. 磨削薄片零件时,为减小装夹变形,可采取的措施有(　　)。

(A)垫弹性垫片、涂白蜡　(B)垫纸用低熔点材料粘接装夹

(C)改变夹紧力方向　(D)减小电磁吸盘的吸力

126. 夹具由(　　)组成。

(A)定位装置　(B)夹紧装置　(C)夹具体　(D)辅助装置

127. 一个完整程序段由(　　)等部分组成。

(A)顺序号　(B)功能字　(C)尺寸字　(D)程序段结束符

128. 数控程序编制中的误差包括(　　)。

(A)逼近误差　(B)插补误差　(C)编程误差　(D)圆整误差

129. 下列属于磨床几何精度的是(　　)。

(A)主轴轴径圆度　(B)导轨直线度

(C)主轴回转精度　(D)主轴与导轨的平行度

130. CNC装置硬件由(　　)等模块组成。

(A)计算机主板和系统总线　(B)显示、输入输出、存储设备

(C)设备辅助控制接口　(D)位置控制、功能接口

131. 零件加工数控程序输入的方法有(　　)。

(A)红外传输输入　(B)接口传输输入

(C)MDI输入　(D)描码输入

132. 导轨润滑的目的是(　　)。

(A)降低摩擦力　(B)减少磨损　(C)减低温度　(D)防止生锈

133. 刀具半径补偿编程过程包括(　　)。

(A)建立过程　(B)执行过程　(C)结束过程　(D)取消过程

134. 根据砂轮硬度选择原则,在(　　)时选用硬砂轮。

(A)磨削软材　(B)磨削有色金属

(C)成型磨、精磨　(D)砂轮与工件接触面积大

135. 设备辅助控制接口模块的信号处理的目的是(　　)。

(A)输出　(B)转换　(C)显示　(D)隔离

136. CNC装置软件从功能特征来看,可分为(　　)。
(A)单机系统　(B)多机系统　(C)控制系统　(D)管理系统
137. 数控机床的操作面板一般由(　　)组成。
(A)数控面板　(B)机床面板　(C)操作面板　(D)控制面板
138. 下列量具中,(　　)可以测量工件内孔直径。
(A)内径千分尺　(B)卡钳　(C)塞规　(D)内径百分表
139. 内孔磨削时产生喇叭口的主要原因有(　　)。
(A)砂轮在孔的两端停留时间过长　(B)工件装夹时尾架顶尖顶得过紧
(C)砂轮超出孔口长度过多　(D)磨削时工件的热变形
140. 工艺规程的设计原则是(　　)。
(A)满足零件的加工质量,达到设计图纸的各项要求
(B)应使工艺过程具有较高的生产效率
(C)尽量降低制造成本
(D)注意减轻工人的劳动强度,保证生产安全
141. 与油基切削液相比,乳化液的优点在于(　　)。
(A)较好的散热性　(B)用水稀释使用而带来的经济性
(C)有利于操作者的卫生和安全　(D)较好的清洗性
142. 工艺基准分为(　　)。
(A)工序基准　(B)定位基准　(C)测量基准　(D)装配基准
143. 磨床常用夹具分为(　　)。
(A)通用夹具　(B)专用夹具　(C)组合夹具　(D)简易夹具
144. 数控机床夹具不同于普通机床夹具的特点是(　　)。
(A)更能满足工件定位精度要求　(B)不设置对刀调整装置
(C)不设置导向装置和元件　(D)夹具一般设计得比较紧凑
145. 在磨削不锈钢时,宜选用(　　)砂轮。
(A)硬度较高　(B)硬度较低　(C)组织较松　(D)组织较紧
146. FANUC数控系统的主程序结束指令是(　　)。
(A)M30　(B)M02　(C)RET　(D)M99
147. SINUMERIK 802D数控系统的子程序结束指令是(　　)。
(A)M30　(B)M99　(C)M2　(D)RET
148. "四懂"就是(　　)。
(A)懂原理　(B)懂构造　(C)懂性能　(D)懂工艺流程
149. "四个过得硬"是指(　　)。
(A)设备过得硬　(B)操作过得硬　(C)质量过得硬　(D)在复杂情况下过得硬
150. "三好四会"就是对设备(　　)。
(A)要用好、管好、修好　(B)要用好、管好、清洁好
(C)会操作、会保养　(D)会维修、会排除故障
151. 设备润滑"五定"是指(　　)。
(A)定点　(B)定时　(C)定质

(D)定量　　(E)定人

152. 积屑瘤对加工的影响有(　　)。

(A)增大实际前角,保护刃口和前刀面　　(B)增加切削厚度

(C)影响表面粗糙度　　(D)影响切削力的波动

153. 进给伺服系统主要由(　　)组成。

(A)伺服驱动电路　　(B)伺服驱动装置(电机)

(C)位置检测装置　　(D)机械传动机构以及执行部件

154. 外圆磨削时,产生工件椭圆的原因有(　　)。

(A)中心孔形状不正确(不圆或角度不对)

(B)中心孔内有污垢、铁屑,中心孔润滑不良

(C)工件顶得过紧或过松

(D)砂轮主轴轴承间隙大

155. 万能外圆磨床上磨削圆锥面的方法有(　　)。

(A)纵磨法　　(B)切入磨法　　(C)行星内圆磨削　　(D)普通外圆磨削

156. 外圆磨削工件的装夹方式有(　　)。

(A)前后顶尖法装夹　　(B)三爪自定心卡盘装夹

(C)一夹一顶装夹　　(D)四爪单动卡盘装夹

157. 平面磨削工件的装夹方式有(　　)。

(A)精密 V 形块装夹　　(B)电磁吸盘装夹

(C)专用工具装夹　　(D)组合夹具装夹

158. 内圆磨削的方法有(　　)。

(A)纵磨法　　(B)普通内圆磨削

(C)无心内圆磨削　　(D)行星内圆磨削

159. 磨削热是造成磨削烧伤的根源,改善磨削烧伤的途径有(　　)。

(A)可选硬度较软、组织疏松的砂轮　　(B)减少工件与砂轮接触时间

(C)提高圆周进给速度和轴向进给量　　(D)改善冷却条件

160. 零件程序所用的指令主要有(　　)。

(A)准备功能 G　　(B)进给功能 F　　(C)主轴功能 S

(D)辅助功能 M　　(E)刀具功能 T

161. 下列是 GB/T 3505—2009 中规定的粗糙度参数的是(　　)。

(A)微观最小二乘偏差　　(B)微观不平度十点高度

(C)轮廓最大高度　　(D)轮廓算数平均偏差

四、判断题

1. 斜投影法是指投影线与投影面垂直对形体进行投影的方法。(　　)

2. 将所见物体的轮廓用正投影法绘制出来,该图形称为视图。(　　)

3. 当用一个剖切平面不能通过机件的各内部结构,而机件在整体上又具有回转轴时,可用两个相交的剖切平面剖开机件,然后将剖面的倾斜部分旋转到与基本投影面平行,然后进行投影,这样得到的视图称为局部视图。(　　)

4. 零件图的尺寸标注简化必须保证不致引起误解和不会产生理解的多义性。(　　)

5. 画剖视图时相接触的两零件的剖面线方向应相反、错开或不同间隔,对薄片零件可涂黑。(　　)

6. 公差带是表示公差大小及相对于基本尺寸的零线位置的区域。(　　)

7. 形状和位置误差的存在影响着工件的可装配性、结构强度、接触刚度、配合性质、密封性、运动精度及齿合性能,必须加以控制。(　　)

8. 因 Js 为完全对称偏差,故其上、下偏差相等。(　　)

9. 公差是允许尺寸的变动量。(　　)

10. 粗糙度反映了零件表面的光滑程度,对零件的耐磨性、耐腐蚀性没有影响。(　　)

11. 表面粗糙度用代号标注在图样上。代号由符号、数字及说明文字组成。(　　)

12.《高速工具钢》(GB/T 9943—2008)规定:W18Cr4V 可用于淬性好、红硬性高、截面尺寸不大的刀具。(　　)

13. 金属材料的物理性能包括密度、熔点、导电性、导热性、磁性及抵抗各种介质的侵蚀能力。(　　)

14. 金属材料的工艺性能包括材料的强度、硬度、塑性、弹性模量、冲击模量、疲劳强度。(　　)

15. 铸铁 T8 适用于制造负荷较高的耐磨零件,如曲轴、连杆、齿轮等。(　　)

16. 低温回火是淬火后加热到 150 ℃～250 ℃,降低应力和脆性,热处理后的组织为回火马氏体,硬度较高,在 HRC58～62 之间,耐磨性好。(　　)

17. 含碳量为 0.36%、含锰量为 2%、含硅量为 0.4%～0.7%的钢,其钢号为 36Mn2Si。(　　)

18. 不锈钢指耐空气、蒸汽、水等弱腐蚀介质和酸、碱、盐等化学浸蚀性介质腐蚀的钢,又称不锈耐酸钢。(　　)

19. 铜及其合金在工业生产中的应用量仅次于钢铁,具有色金属首位。(　　)

20. 钢的淬透性是指在规定条件下决定钢材淬硬深度和截面硬度分布的特性。(　　)

21. 塑料按受热后的性能可分为热塑性塑料和热固性塑料。(　　)

22. 低合金钢有良好的韧性和塑性,其屈服强度相对碳钢较差。(　　)

23. 高速钢切削时能长时间保持刃口锋利,故称为"锋钢",又因其具有高淬透性,淬火时在空气中冷却即可得到马氏体组织,又因此俗称为"风钢"。(　　)

24. 特殊性能钢是指不锈钢、耐热钢、耐磨钢等一些具有特殊的化学和物理性能的钢。(　　)

25. 由于激光加热表面淬火温度极高,所以这种工艺会产生工件的较大的变形。(　　)

26. 天然橡胶耐油、耐溶剂较差,耐臭氧老化性差,不耐高温及浓强酸,主要用于制造轮胎、胶带、胶管。(　　)

27. 链传动中链速的变化呈周期性,链轮转过一个链节,对应链速变化的一个周期。(　　)

28. 由于四个卡爪是用扳手分别调整的,故不能自动定心,需在工件上画线进行找正,装夹比较费时。(　　)

29. 机械加工精度包括尺寸精度、形状精度和位置精度。(　　)

30. 在一般的零件加工中应遵循先基面后其他的原则,定位基准面的精度决定了加工基准面的精度。(　　)

31. 压力和流动是每一个液压系统中的两种主要参量。压力和流动互相关连,但是各自完成任务不同。(　　)

32. 粒度表示磨料颗粒的大小,粒度号数愈大,颗粒愈大。(　　)

33. 磨削软材料时要选较硬的砂轮,磨削硬材料时则要选软砂轮。(　　)

34. 为使刀具能够承受切削过程中的压力和冲击，刀具材料必须具有足够的强度与韧性。（ ）

35. 切削运动中主运动可以有多个，进给运动只有一个。（ ）

36. 选择切削用量的基本原则：首先尽量选择较大的背吃刀量；其次在工艺装备和技术条件允许的情况下选择最大的进给量；最后根据刀具耐用度确定合适的切削速度。（ ）

37. 游标量具读数时先注意尺框上的分度值标记，以免读错小数值产生误差，并且视线应与尺身表面垂直，避免产生视觉误差。（ ）

38. 游标卡尺由尺身、基尺、游标、角尺、直尺、夹块、扇形板和制动等部分组成。（ ）

39. 测微螺杆的轴线应垂直零件被测表面，转动微分筒接近工件被测工作表面时，再转动测力装置上的棘轮使测微螺杆的测量面接触工件表面，避免损坏螺纹传动副。（ ）

40. 利用百分表座、磁性表架和万能表架等辅助对工件的直线度、平面度及平行度误差以及跳动误差进行测量。（ ）

41. 在零件加工中，部分加工零件可以采用欠定位的定位方式。（ ）

42. 世界上第一台数控铣床是在1949年研制成功的。（ ）

43. 数控是一种利用数字信息控制机床的技术。（ ）

44. 开环控制系统是指带反馈装置，通常使用步进电动机为伺服执行机构。（ ）

45. 一般数控系统中常用的G和M功能都与国际ISO标准一致。（ ）

46. 机床坐标系遵从右手法则，在右手法则中食指的方向为X方向。（ ）

47. 内圆弧切削时，刀具半径一定要小于或等于图形圆半径。（ ）

48. 对于加工由圆弧和直线组成的简单轮廓的零件，在程序编制时只需计算出相邻几何元素的交点或切点坐标值即可。（ ）

49. 对于自由曲线、曲面等加工，可以借助计算机辅助编程来完成。（ ）

50. 应确定粗、精加工使用的刀具要分开，所采用的刀具要满足加工质量和效率要求。（ ）

51. 数控机床段落结束符表示程序段结束。（ ）

52. 方箱一般由铸铁制成，各表面均经刨削及精刮加工，六面成直角，工件夹到方箱的V形槽中，能迅速地划出三个方向的垂线。（ ）

53. 人工锉削主要靠体力作为动力，这个动力不是持之以恒的，而是随着时间和人的体力下降而改变的，这对锉削工作是不利的。（ ）

54. 铰孔前，孔的表面粗糙度R_a的值要小于3.2 mm。（ ）

55. 螺纹滚压是指用成型滚压模具使工件产生塑性变形以获得螺纹的加工方法。（ ）

56. 螺纹磨削主要用于在螺纹磨床上加工淬硬工件的精密螺纹。（ ）

57. 实测阻值与标称阻值误差范围根据不同精度等级可允许±20%、±10%、±5%、±2%、±1%的误差。精密电位器的精度可达±0.1%。（ ）

58. 隔离刀开关由于控制负荷能力很大，通常能单独使用，一般不需要和能切断负荷电流和故障电流的电器（如熔断器、断路器和负荷开关等电器）一起使用。（ ）

59. 使用时，熔断器同它所保护的电路并联，当该电路发生过载或短路故障时，如果通过熔体的电流达到或超过了某一定值，在熔体上产生的热量使其温度升高，当到达熔体熔点时，熔体自行熔断，电弧熄灭后，切断故障电流，达到保护作用。（ ）

60. 万用表不用时，不要旋在电阻档，因为内有电池，如不小心易使两根表棒相碰短路，不仅耗费电池，严重时甚至会损坏表头。（ ）

61. 电机中能量的转换主要以电磁场为媒介,其运行效率高。(　　)

62. 桥式起重机上由于采用了各种电气制动,因此可以不采用电磁抱闸进行机械制动。(　　)

63. 电伤是指电流流过人体时反映在人体内部造成器官的伤害,而在人体外表不一定留下电流痕迹。(　　)

64. 指导性安全技术措施是制定机器安装、使用、维修的安全规定及设置标志以提示或指导操作程序,从而保证安全作业。(　　)

65. 人的不安全行为是指不熟悉机器的操作程序,或违反操作规程而导致机械伤害事故的发生。(　　)

66. 环境保护工作应当依靠科技进步、发展循环经济、倡导生态文明、强化环境法治、完善监管机制、建立长效机制。(　　)

67. 为了维护物种的多样性应该严格禁止使用转基因物种。(　　)

68. 媒体可以是纸张、计算机磁盘、光盘、照片、标准样品,或其组合。(　　)

69. 企业的文件化的程度应足以支持组织过程的高效运用。(　　)

70. 质量管理体系审核的第一方审核由组织自己或以组织的名义进行,用于内部目的,可作为组织自我合格声明的基础。(　　)

71. 圆度公差带是在同一正截面上半径差为公差值 t 的两同心圆之间的区域。(　　)

72. 采用第三视图绘制的图纸,右视图在主视图的左边。(　　)

73. 从装配图中配合尺寸 $\phi20H7/g6$ 中可得知轴的公差带为 H7。(　　)

74. 工件在一个工序中只能安装一次。(　　)

75. 在切削加工中主运动通常有两个。(　　)

76. 乳化液的浓度一般以不超过 10%为宜。(　　)

77. 一般情况下,砂轮的宽度愈大,则磨削力也愈大。(　　)

78. 工件在定位时,不允许出现过定位。(　　)

79. 磨削薄片零件应选用硬度较软的砂轮。(　　)

80. 磨削薄片工件时,为了减小工件的弹性变形,应减小电磁吸盘的吸力。(　　)

81. 在平面磨床上磨削平面时,只能用电磁吸盘装夹工件。(　　)

82. 在小批量或产品试制生产中,最适宜选用组合夹具进行装夹。(　　)

83. 数控磨床必须用专用夹具,普通磨床夹具不能在数控磨床上使用。(　　)

84. 由于用砂轮端面磨削平面热变形大,所以应选用粒度细、硬度较硬的树脂结合剂砂轮。(　　)

85. 大型工具显微镜可测量样板、螺纹、特型零件的尺寸和形状。(　　)

86. 不同的数控机床可能选用不同的数控系统,但数控加工程序指令都是相同的。(　　)

87. 程序段的顺序号根据数控系统的不同,在某些系统中可以省略。(　　)

88. FANUC 数控系统和 SINUMERIK 数控系统固定循环中用于纵磨循环的指令都是 G71。(　　)

89. 一个主程序中只能有一个子程序。(　　)

90. 圆弧插补中,对于整圆,其起点和终点相重合,用 R 编程无法定义,所以只能用圆心坐标编程。(　　)

91. 对数控机床进行维护保养时,注意安全操作,不要使磨床误动作,可以把操作方式放在自动方式。(　　)

92. 磨床开机后应进行空运转,空运转时间根据磨床确定。(　　)

93. 采用滚珠丝杠作为 X 轴和 Z 轴传动的数控磨床机械间隙一般可忽略不计。( )

94. 调速阀是一个节流阀和一个减压阀串联而成的组合阀。( )

95. 利用数控机床加工新零件,加工程序编好后可以直接进行加工。( )

96. 保证数控机床各运动部件间的良好润滑就能提高机床寿命。( )

97. 编制数控加工程序时一般以机床坐标系作为编程的坐标系。( )

98. 机床参考点是数控机床上固有的机械原点,该点到机床坐标原点在进给坐标轴方向上的距离可在机床出厂时设定。( )

99. 数控机床的机床坐标原点和机床参考点是重合的。( )

100. 数控机床编程可分为绝对值编程和增量值编程,使用时不能将它们放在同一程序段中。( )

101. 子程序的编写方式必须是增量方式。( )

102. 若整个程序都用相对坐标编程,则启动时刀架不必位于机床参考点。( )

103. 在数控程序中绝对坐标与增量坐标可单独使用,也可交叉使用。( )

104. 在数控编程指令中,不一定只有采用 G91 方式才能实现增量方式编程。( )

105. RS232 主要作用是用于程序的自动输入。( )

106. 顺时针圆弧插补(G02)和逆时针圆弧插补(G03)的判别方向是:沿着不在圆弧平面内的坐标轴负方向向正方向看去,顺时针方向为 G02,逆时针方向为 G03。( )

107. 数控机床配备的固定循环功能主要用于孔加工。( )

108. 刀具长度正补偿指令是 G43,负补偿指令是 G44,取消补偿指令是 G49。( )

109. 一个主程序中可以有多个子程序。( )

110. 数控机床的位移检测装置主要有直线型和旋转型。( )

111. 刀具刃倾角的功用是控制切屑的流动方向。( )

112. 刀位点是工件上的某点。( )

113. 刀具补偿功能包括刀补的建立、刀补的执行和刀补的取消三个阶段。( )

114. 所有数控机床自动加工时,必须用 M06 指令才能实现换刀动作。( )

115. 当数控机床失去对机床参考点的记忆时,必须进行返回参考点的操作。( )

116. 因为试切法的加工精度较高,所以主要用于大批、大量生产。( )

117. 数控机床开机后,必须先进行返回参考点操作。( )

118. 回归机械原点之操作,只有手动操作方式。( )

119. 当数控加工程序编制完成后即可进行正式加工。( )

120. 按数控系统操作面板上的 RESET 键后就能消除报警信息。( )

121. 在 CRT/MDI 面板的功能键中,用于报警显示的键是 PARAM。( )

122. 数控程序编制功能中常用的插入键是 INSRT。( )

123. 系统操作面板上单程序段的功能为每按一次循环启动键,执行一个程序段。( )

124. 细长轴磨好后或未磨好因故中断磨削时,也要卸下吊挂存放。( )

125. 磨削细长轴时,工件容易出现让刀和振动现象。( )

126. 磨削细长轴时,尾座顶尖的顶紧力应比一般磨削大些。( )

127. 磨削内锥面时,磨床头架或工作台转过的角度与工件斜角相同。( )

128. 磨削内锥面只能在内圆磨床上进行。( )

129. 磨削内锥面时，磨床头架或工作台角度调整好后，不需要进行试磨和测量就可以进行磨削。(　　)

130. 输入CNC装置的各种数据信息包括零件程序、控制参数和补偿数据。(　　)

131. 数控数据信息的输入方式有键盘输入、磁盘输入、通信接口输入和连接上级计算机的DNC接口输入。(　　)

132. 内孔磨削时，夹持较长工件时，夹持部分不宜过长。(　　)

133. 蜗杆相当于一个齿数很少、螺旋角很大的小齿轮。(　　)

134. 磨削螺纹时，为保证砂轮修整出准确的截形，粒度应较细，硬度应较高。(　　)

135. 蜗杆磨削一般选用硫化油类作为切削液。(　　)

136. 测量工件外圆的一个截面上最大与最小读数的差值之半即为该处外圆的圆柱度误差。(　　)

137. 量块按级使用时，取用它的平均尺寸。(　　)

138. 圆度公差带是在同一正截面上直径差为公差值 t 的两同心圆之间的区域。(　　)

139. 杠杆式百分表的测杆轴线与被测表面的角度可任意选择。(　　)

140. 用圆锥环规涂色法检验外锥锥度时，显示剂应涂在工件上。(　　)

141. 粗糙度标准样块是具有一定粗糙度的平面或内外圆柱面的成套金属样块。(　　)

142. 正弦规一般用来测量带有锥度或角度的工件。(　　)

143. 量具在测量过程中出现故障可以随时拆卸，以便查找故障。(　　)

144. 磨削热是造成磨削烧伤的根源。(　　)

145. 综合测量通常用螺纹量规，主要测量螺纹中径。(　　)

146. 螺纹千分尺属于专用的螺旋测微量具，只能用于测量螺纹中径。(　　)

147. 螺纹千分尺适用于高精度要求的螺纹工件测量。(　　)

148. 在大批大量生产中，最适宜选用专用夹具。(　　)

149. 设备的一级保养、二级保养、三级保养统称为设备例行保养。(　　)

150. 采用插补段逼近零件轮廓曲线时产生的误差，称为逼近误差。(　　)

151. 按规定数控机床上刀具远离工件的方向为 Z 轴正方向。(　　)

152. 相对坐标编程是编程的坐标值按绝对坐标的方式给定的编程方法。(　　)

153. 磨削细长轴时，两顶尖连线与纵向行程稍不平行，工件就会产生锥形。(　　)

154. 磨削细长轴时，切削深度过大，工件粗糙度会下降或产生螺旋纹。(　　)

155. 数控机床坐标系各进给轴运动的正方向总是假定为工件不动，刀具远离工件的方向为正。(　　)

156. 当圆弧加工的命令为偶偶配合或奇奇配合的组合时，会产生过切现象。(　　)

157. 停车对线法适用于初始磨削已经开槽的螺纹工件。(　　)

158. 圆柱度公差带是半径差为公差值 t 的两同轴圆柱面之间的区域。(　　)

159. 用圆锥塞规涂色法检验锥孔锥度时，塞规大端处有摩擦痕迹而小端没有，说明工件锥度太大。(　　)

160. 刀具寿命表示一把新刀用到报废之前总的切削时间，其中不包括多次重磨。(　　)

161. 水基切削液与油基切削液相比润滑性能相对较差，冷却效果较好。(　　)

162. 自动定心夹紧装置的各定位面能以相同的速度同时相互移近或分开实现自动定心。(　　)

163. 磨削表面的表面粗糙度 R_a 为 0.001 2 μm 时，就是镜面磨削。(　　)

164. 重复定位精度是指在相同的操作方法和条件下，完成规定操作的次数。（　）

165. 机床维修之前应首先阅读随机技术文件、资料，弄清原理后再进行修理。（　）

166. M30 指令表示程序结束，还兼有控制返回零件程序头的作用。（　）

167. 在砂轮修整时，其运动关系是金刚笔与砂轮的关系，金刚笔相当于工件，而砂轮相当于刀具。（　）

168. 磨削细长轴的关键是如何减小磨削力和提高工件的支撑刚度，尽量减少工件的变形。（　）

169. 内径百分表使用时可用外径千分尺或标准环配合测量内孔直径。（　）

170. 交（直）流伺服电机不可以作为开环进给伺服系统的伺服驱动装置。（　）

五、简 答 题

1. 说明 ϕ50H8 的含义。
2. 磨削时切削液的选择原则是什么？
3. 高速磨削时如何选择切削液？
4. 高速磨削有何特点？
5. 薄片工件磨削时应注意哪些问题？
6. 如何防止磨削时的振动？
7. 简述拉刀的刃磨步骤。
8. 刃磨齿轮滚刀应注意哪些问题？
9. 试列出三种以上的通用夹具。
10. 组合夹具中定位元件的作用是什么？
11. 简述专用夹具的定义。
12. 为什么超精磨铸铁零件时要选用刚玉类砂轮？
13. 超精密磨削如何选择砂轮的特性？
14. 分别说明数控系统中 M03、M04、M05、M06 指令的含义。
15. 分别说明数控系统中 G、F、S、T、M 代码的含义。
16. FANUC 数控系统中 G72、G73 的含义是什么？
17. FANUC 数控程序中 M98 P31010 表示什么意思？
18. INUMERIK 数控程序中 N10 L785 P3 表示什么意思？
19. 数控磨床维护保养的目的是什么？
20. 机床开机前及加工前应做哪些检查？
21. 采用滚珠丝杠副进行传动的优点是什么？
22. 什么是数控机床坐标系？
23. 怎样确定数控机床坐标系？
24. 简述 G00 与 G01 指令的主要区别。
25. 数控编程的步骤什么？
26. 说明 FANUC 系统中下列代码的含义：G04、G28、G32、G50、G71、G98。
27. 说明指令 M00、M01、M02 在使用中有何区别。
28. 刀具半径补偿的意义何在？
29. 什么是刀位点、对刀点？如何选择对刀点位置？

30. 采用两顶尖装夹磨削细长轴时,装夹工件时应注意哪些事项?
31. 磨削细长轴时,应如何选择砂轮?
32. 什么叫锥度?什么叫斜度?
33. 磨削内圆锥面有哪几种方法?
34. 解释砂轮标记为 PSA400×100×127A60L5B35 代号的含义。
35. 简述砂轮粒度选择原则。
36. CNC 装置的软件特点是什么?
37. 螺纹磨削时为什么要进行对线?对线方法有哪些?
38. 测量直径为 $\phi20\pm0.005$ mm 的外圆用什么量程及精度的外径千分尺?
39. 测量直径为 $\phi45\pm0.02$ mm 的内孔用什么量程及精度的内径百分表?
40. 径向圆跳动公差带的定义是什么?
41. 气动量仪配以相应的气动测量块,主要可用以哪些类型的精密测量?(至少答四项)
42. 什么是正弦规?正弦规中心距有哪两种?
43. 什么是磨削烧伤?
44. 什么叫多线和单线螺纹?请说明各自的使用场合。
45. 什么是局部放大图?画图时要注意哪些问题?
46. 低粗糙度磨削时应注意哪些问题?
47. 影响表面粗糙度的因素有哪些?
48. 简述外圆磨削时砂轮圆周速度的选择原则。
49. 简述外圆磨削时工件圆周速度的选择原则。
50. 用展成法磨齿有哪三种方法?
51. 简述夹具夹紧力作用点的确定原则。
52. 简述工件的六点定位规则。
53. 简述磨削产生热变形的原因。
54. 简述在无心磨床上磨削工件时出现中间小两头大(细腰形)的可能原因。
55. 在平面磨床上磨削斜面有哪些装夹方法?
56. 磨削偏心工件的装夹方法有哪些?
57. 简述气动夹紧装置和液压夹紧装置的优缺点。
58. 数控机床夹具与普通机床夹具有哪些相同点和不同点?
59. 如何校准外径百分尺?
60. 试列举百分表的常用用途。
61. 在数控系统中什么是一次性指令 G 代码?
62. 一个完整的数控程序由哪几部分组成?
63. 编程中采用固定循环的好处有哪些?
64. 试列出 SINUMERIK 802D 系统中三种以上的固定磨削循环及指令。
65. 简述数控系统中主程序和子程序的运行关系。
66. 什么叫设备的可靠性?
67. 进给伺服系统的作用是什么?
68. 进给伺服系统的技术要求有哪些?

69. 磨床工作台产生爬行的原因是什么？

70. 简述机床关机操作步骤。

71. G90 X20.0 Y15.0 与 G91 X20.0 Y15.0 有什么区别？

72. 简述数控编程的内容与方法。

73. 确定走刀路线的原则是什么？

六、综合题

1. 有一圆锥大头直径 $D=65$ mm，小头直径 $d=60$ mm，椎体长度 $L=50$ mm，求圆锥体的锥度 K 和斜角 α。

2. 用钢柱测量法测得某外圆锥工件小端直径 $d_1=31.276$ mm，大端直径 $d_2=34.776$ mm，大端与小端距离 $H=70$ mm，计算该工件的锥度 K。

3. 怎样正确使用螺纹环规？

4. 补全图 6 中遗漏的线条。

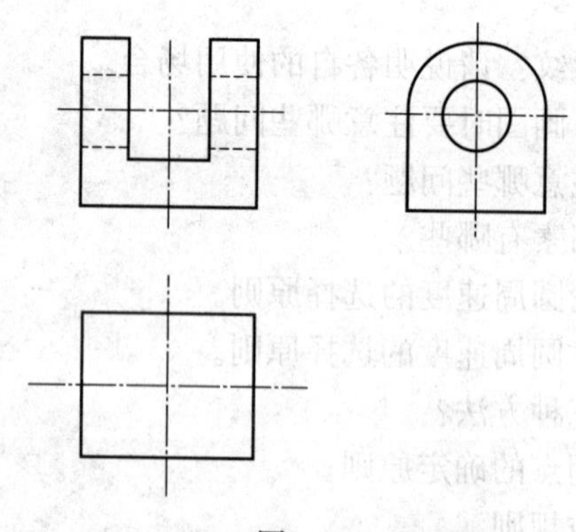

图 6

5. 如图 7 所示，将其主视图改为剖视图画在右边。

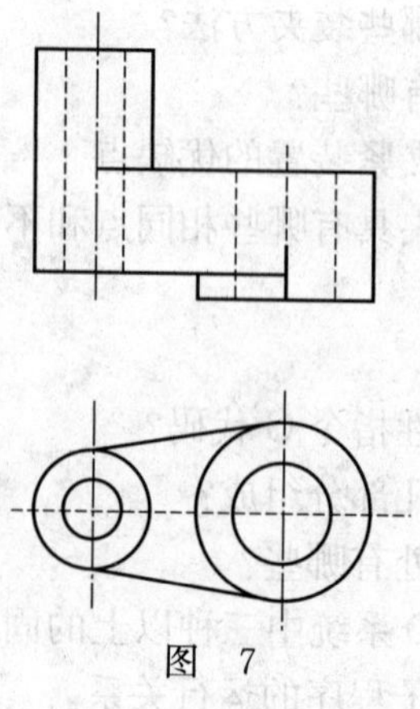

图 7

6. 装配图有哪些规定画法？

7. 油基切削液和水基切削液有何区别？磨削时的选用原则是什么？

8. 如图 8 所示，工件的外球直径 $D=40$ mm，圆柱直径 $D_1=20$ mm，试求用杯形砂轮磨削外球面时,杯形砂轮的磨削圆直径 d 及砂轮轴线倾斜角 α。(砂轮轴线与工件水平轴线的夹角)(α 用反三角函数 arcsin 表示)

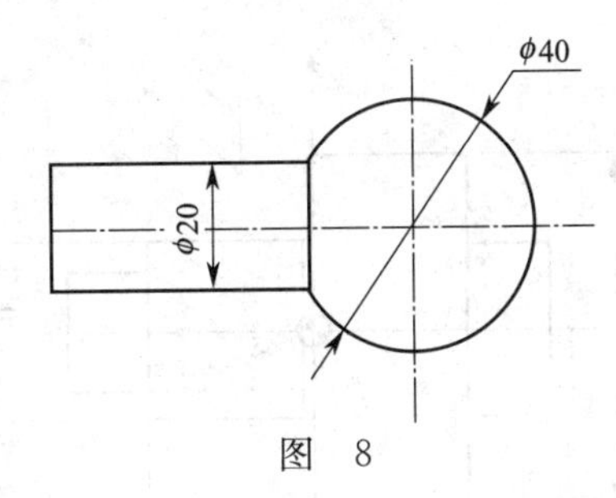

图 8

9. 如图 9 所示,设工件内球面的半径 R 为 60 mm,工件球面小于半圆 K 为 10 mm。磨削该工件球面时需选择多大的砂轮?安装斜角为多少?(角度可用反三角函数 arcsin 表示)

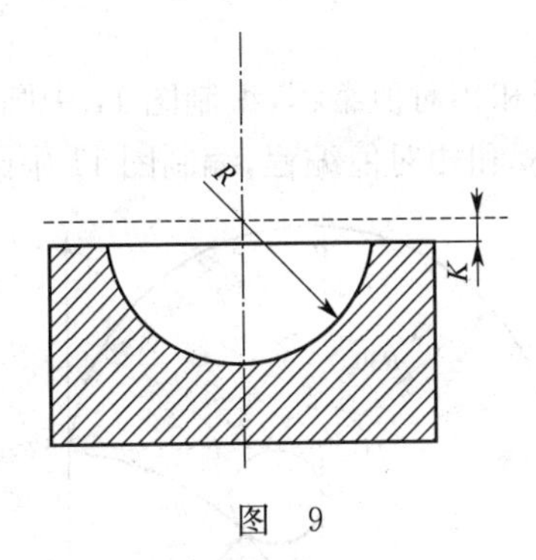

图 9

10. 一般情况下,为什么要消除或尽可能减少工件的残余应力?

11. 磨削硬质合金时,为什么容易产生裂纹?

12. 双孔定位中,定位元件为什么多采用一个短圆柱销和一个菱形销?

13. 什么是组合夹具?组合夹具有哪些特点?

14. 有一个套类零件,内孔为 40 mm,外圆为 70 mm,工件长度为 85 mm,内孔公差 T 为 0.027 mm,此时内孔已经加工完成,为了保证同轴度,现以内孔定位用锥度 K 为 1∶5 000 的心轴磨削外圆,试计算锥度心轴的最短长度。

15. 什么叫砂轮的“自锐性”?

16. 不锈钢的磨削有什么特点?

17. 镜面磨削的原理是什么?

18. 怎样理解数控磨床“深层维护保养”的理念?

19. 对系统采用相对位置检测元件的数控机床,手动返回参考点操作时,应注意什么?

20. 论述机床零点、机床参考点之间的关系。

21. 闭环系统的位置检测误差包含了哪些内容?请分析闭环控制系统的误差来源。

22. 某外圆磨床,工件磨削面直径为 40 mm,工艺要求工件磨削面线速度为 30 m/min,问数控编程时工件转速应设定为多少?

23. 概述宽砂轮磨削工艺。

24. 零件如图 10 所示,端面和外圆均需磨削,外圆磨削余量为 0.3 mm,端面为 0.08 mm,

试编制采用 FANUC 数控系统的端面外圆磨床上的加工程序。程序要求有快速定位、进给趋近、粗磨、半精磨、精磨、无火花磨削、快速退火等程序段并注释，切削用量可自行选择。

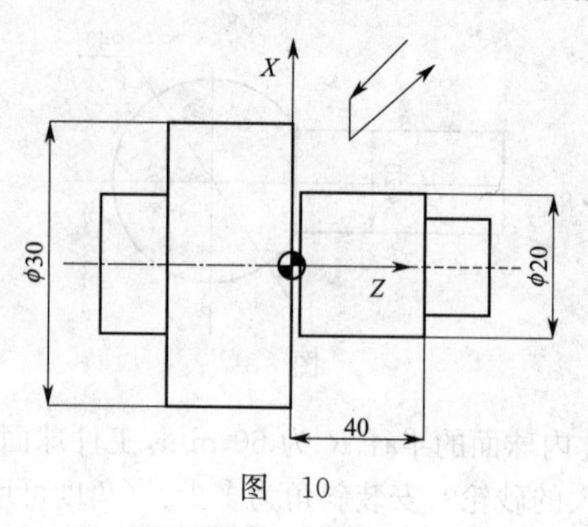

图　10

25. 按要求编程：

(1)使用 R 利用绝对值编程和相对值编程，编制图 11 中圆弧 a 和圆弧 b 的程序。

(2)使用 I、J 利用绝对值编程和相对值编程，编制图 11 中圆弧 a 和圆弧 b 的程序。

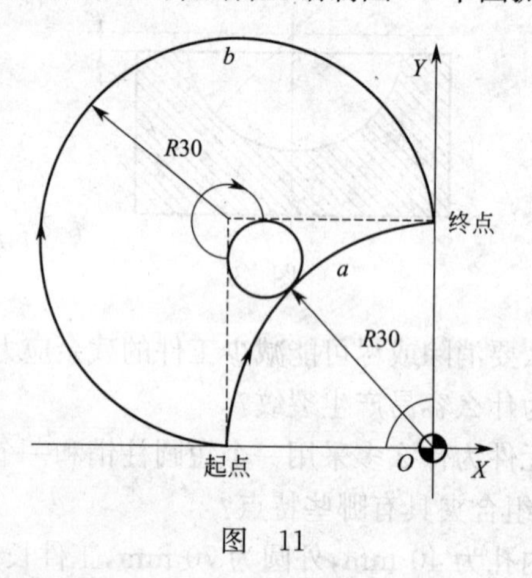

图　11

26. 数控机床对刀具的要求有哪些？

27. 论述在粗磨、精磨细长轴时如何修整砂轮。

28. 如图 12 所示，某一工件的锥度 $K=1:5$，斜角 $\alpha=2°42'38''$，现测得塞规上台阶面与工件端面距离 $L_1=4$ mm，工艺要求为塞规上台阶面与工件端面距离为 $L_2=2$ mm，计算工件需要磨去多少余量 h(双边)才能符合工艺要求？($\sin\alpha=0.099\ 5$)

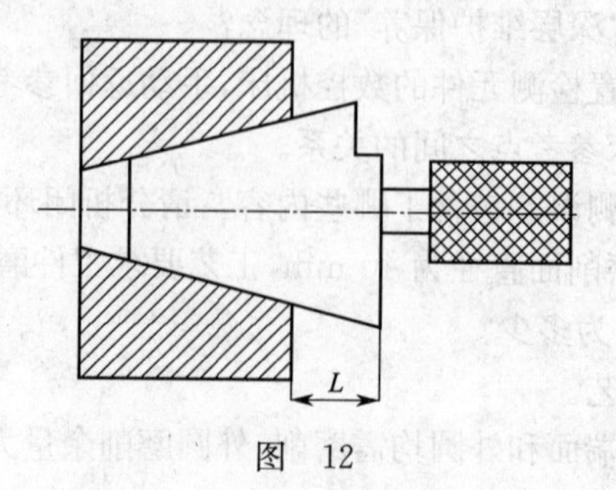

图　12

29. 螺纹磨削产生周期螺距误差的原因是什么？

30. 用大小分别为 30 mm 和 20 mm 的钢球测量锥孔，球在锥孔内部，测得大球上端面到锥孔大端面的距离 $a=3.75$ mm，小球上端面到锥孔大端面的距离 $H=59$ mm，计算该锥孔斜角 α。(可用反三角函数表示)

31. 怎样测量工件的锥度？

32. 用中心距 $L=100$ mm 的正弦规测量圆锥角 $2\alpha=2°52'32''$的外锥，求块规的高度 H。($\sin 2\alpha=0.050\ 196$)

33. 论述双头阿基米德 ZA 蜗杆尺寸精度的检测内容及方法。

34. 螺纹量规的传递系统可出现哪些典型情况？

35. 数控机床的坐标轴与运动方向如何确定？

数控磨工(中级工)答案

一、填空题

1. 投影线　2. 正视图　3. 基本投影面　4. 尺寸基准
5. 机器或部件的组成及装配关系的　6. 性能尺寸
7. 实际形状和实际位置　8. 主要基准　9. 基孔
10. 轮廓偏距绝对值的算术平均值　11. 其余　12. 非铁金属
13. 性能　14. 切削加工性能　15. 球墨铸铁　16. 组织结构和性能
17. 平均含碳量的万分之几　18. 铬与腐蚀介质中的氧作用
19. 非铁材料　20. 低温回火　21. 一切材料　22. 热轧退火(或正火)
23. 刃具、模具、量具　24. 良好组织稳定性　25. 未淬火　26. 高弹性
27. 挠性传动　28. 刀具移动　29. 表面质量　30. 装配基准
31. 流动　32. 磨削加工的刀具　33. 砂轮代号　34. 人工磨料
35. 刀具与工件之间的相对运动　36. 切削层横截面　37. 专用量具
38. 精确度　39. 分度值　40. 1 mm　41. 自由度
42. 高温条件　43. 控制介质　44. 不相关的　45. 多线砂轮磨削法
46. OFFSET/SETTING 键　47. 盘、套、板类零件　48. 程序字
49. 地址符　50. 指定跳转目标　51. 某种运动方式　52. 辅助工具
53. 表面粗糙度和精度　54. 切削液　55. 内、外螺纹　56. 刀具或磨具
57. 棕绿橙金　58. 额定电流、定位特征代号、接线图编号
59. 底座　60. 最高挡　61. 电能与机械能或电能与电能相互转换
62. 灭弧方法　63. 接触到带电体　64. 表面锈蚀、磨损、变形
65. 人为的不安全因素　66. 人类与环境　67. 人类活动　68. 信息分析
69. 预见性　70. 产品要求　71. $\overset{0.8}{\nabla}$　72. 基准
73. 配合尺寸　74. 精磨加工之前　75. 切削深度　76. 防锈作用
77. 表面粗糙度　78. 六点定位　79. 三角棱圆　80. 大小
81. 定位和可靠夹紧　82. 缩短生产周期　83. 1∶5 000　84. 安全线速度
85. 湿度　86. G 代码和 F 代码　87. 子程序
88. G73　89. M98　90. 基点　91. 0.008
92. 安全操作规程　93. 直流和交流　94. 异常噪声　95. 预热运行
96. 润滑油　97. 机床原点　98. 右手直角笛卡儿坐标系
99. 右手螺旋法则　100. 绝对编程　101. G90　102. 介质

103. 基点和节点　104. 切削速度　105. 子程序　106. M03
107. 终点　108. 加工　109. 半径、长度　110. 机床参考点
111. 对刀仪对刀　112. 刀具补偿　113. 爬行　114. MDI
115. DELET　116. PRGRM　117. PAGA　118. 变形
119. 让刀　120. 吊挂　121. 头架　122. 工作台
123. 乳化液　124. 防锈防霉抗泡沫　125. CNC装置　126. 硬件、软件
127. 软件　128. 多　129. 头数　130. 公称直径
131. 0.001　132. 基本　133. 圆柱面　134. 圆锥塞规
135. 限制和削弱　136. 正弦规　137. 0～5 mm　138. 磨削烧伤
139. 综合检验　140. 英制蜗杆(α=14.5°)　141. 变动量
142. 理想尺寸　143. 显微镜头瞄准　144. M98 P31010　145. 滚珠丝杠螺母副
146. 手动返回参考　147. 大于30倍　148. 过切现象　149. 同一正截面
150. 比较量法　151. 粗糙度测量仪　152. 两条或两条以上　153. 自动定心
154. M99　155. 子系统　156. 一致程度　157. 返回参考点
158. 运动轴方向　159. 旋转(圆柱度)　160. 公法线千分尺(三针测量法)
161. 单拨杆　162. 轴线　163. 机床厂家　164. 6
165. 电动机或主轴丝杠

二、单项选择题

1. B　2. B　3. B　4. D　5. C　6. A　7. C　8. B　9. B
10. D　11. B　12. C　13. C　14. D　15. A　16. C　17. C　18. D
19. B　20. D　21. A　22. A　23. D　24. C　25. B　26. A　27. D
28. A　29. D　30. D　31. A　32. D　33. A　34. C　35. B　36. D
37. B　38. D　39. A　40. B　41. A　42. B　43. D　44. A　45. B
46. A　47. C　48. A　49. D　50. B　51. C　52. C　53. B　54. A
55. D　56. B　57. A　58. B　59. D　60. C　61. D　62. D　63. C
64. D　65. D　66. D　67. B　68. D　69. C　70. C　71. C　72. B
73. B　74. C　75. B　76. C　77. B　78. A　79. A　80. A　81. C
82. A　83. C　84. B　85. C　86. C　87. C　88. C　89. B　90. D
91. B　92. C　93. C　94. C　95. C　96. A　97. A　98. A　99. C
100. B　101. C　102. A　103. B　104. A　105. B　106. B　107. D　108. D
109. A　110. C　111. D　112. B　113. A　114. B　115. A　116. B　117. C
118. A　119. A　120. D　121. C　122. B　123. B　124. A　125. C　126. A
127. B　128. A　129. B　130. C　131. D　132. D　133. D　134. A　135. A
136. B　137. C　138. A　139. A　140. C　141. A　142. B　143. D　144. C
145. A　146. B　147. B　148. A　149. A　150. A　151. A　152. B　153. A
154. D　155. C　156. D　157. D　158. D　159. C　160. B　161. C　162. D
163. D　164. A

三、多项选择题

1. BC　2. ACD　3. ACD　4. ABCD　5. ACD　6. ABC　7. ABC
8. ABC　9. ABD　10. BCD　11. ACD　12. BD　13. ABC　14. BC
15. CD　16. ABC　17. AB　18. CD　19. ABC　20. BCD　21. BCD
22. CD　23. ABCD　24. AC　25. ABC　26. AB　27. ABCD　28. ABD
29. ACD　30. CD　31. BCD　32. BCD　33. ACD　34. AC　35. ABC
36. ABC　37. ABC　38. BCD　39. ACD　40. ABCD　41. ACD　42. ABCD
43. ACD　44. BCD　45. AD　46. ACD　47. BCD　48. ABC　49. ACD
50. CD　51. AD　52. AC　53. ABC　54. AB　55. ABC　56. ACD
57. ABC　58. CD　59. ACD　60. ABC　61. ACDE　62. ABC　63. ACD
64. ABC　65. ABD　66. ABD　67. BD　68. ABCD　69. ABC　70. ABCD
71. ABC　72. ABCD　73. AD　74. AC　75. ABCD　76. ABC　77. ABCD
78. ABCD　79. ABD　80. ABC　81. ACD　82. ABC　83. CD　84. AB
85. ABD　86. BCD　87. ABC　88. ABC　89. AB　90. ABC　91. ABC
92. ABCD　93. ABCD　94. ACD　95. AD　96. ABD　97. ABCD　98. BC
99. ABCD　100. AD　101. ABCD　102. AC　103. ABD　104. AB　105. ABC
106. ABCD　107. AB　108. ABCD　109. AB　110. ABC　111. ABCD　112. ABCD
113. ABC　114. ABC　115. ABC　116. AC　117. BCD　118. ABC　119. ABCD
120. BCD　121. ABC　122. ABC　123. BCD　124. AB　125. ABCD　126. ABCD
127. ABCD　128. ABD　129. ABCD　130. ABCD　131. BC　132. ABCD　133. ABD
134. AC　135. BD　136. CD　137. AB　138. ABCD　139. AC　140. ABCD
141. ABCD　142. ABCD　143. ABC　144. BCD　145. BC　146. AB　147. CD
148. ABCD　149. ABCD　150. ACD　151. ABCDE　152. ABCD　153. ABCD　154. ABCD
155. AB　156. ABCD　157. ABCD　158. BCD　159. ABCD　160. ABCDE　161. BCD

四、判 断 题

1. ×　2. √　3. ×　4. √　5. √　6. √　7. ×　8. ×　9. √
10. ×　11. √　12. √　13. ×　14. ×　15. ×　16. √　17. √　18. √
19. ×　20. √　21. √　22. ×　23. √　24. ×　25. ×　26. √　27. √
28. √　29. √　30. √　31. √　32. ×　33. √　34. √　35. ×　36. ×
37. √　38. ×　39. √　40. √　41. ×　42. ×　43. √　44. ×　45. √
46. ×　47. √　48. √　49. √　50. √　51. √　52. √　53. √　54. √
55. √　56. √　57. √　58. ×　59. ×　60. √　61. √　62. ×　63. ×
64. √　65. √　66. √　67. ×　68. √　69. √　70. √　71. √　72. ×
73. ×　74. ×　75. ×　76. √　77. √　78. ×　79. √　80. ×　81. ×
82. √　83. ×　84. ×　85. √　86. ×　87. √　88. ×　89. ×　90. √
91. ×　92. √　93. √　94. √　95. ×　96. ×　97. ×　98. √　99. ×
100. ×　101. ×　102. ×　103. √　104. √　105. √　106. ×　107. ×　108. √

109. √ 110. √ 111. √ 112. × 113. √ 114. × 115. √ 116. × 117. √
118. × 119. × 120. × 121. × 122. √ 123. × 124. √ 125. √ 126. ×
127. √ 128. × 129. × 130. √ 131. √ 132. √ 133. √ 134. √ 135. √
136. × 137. × 138. × 139. × 140. √ 141. √ 142. √ 143. × 144. √
145. √ 146. √ 147. × 148. √ 149. × 150. × 151. √ 152. × 153. √
154. × 155. √ 156. √ 157. √ 158. √ 159. × 160. × 161. √ 162. √
163. √ 164. × 165. √ 166. √ 167. × 168. √ 169. √ 170. √

五、简 答 题

1. 答:基本尺寸为 ϕ50(1 分),公差等级为 8 级(1 分),基本偏差为 H(1 分)的孔(1 分)的公差带(1 分)。

2. 答:为了降低磨削温度,冲洗掉磨屑和砂轮末,提高磨削比和工件表面质量(1 分),必须采用冷却性能(1 分)和清洗性能(1 分)良好并有一定润滑性能(1 分)和防锈性能(1 分)的切削液。

3. 答:在高速磨削时,不能使用普通的切削液(1 分),而要使用具有良好渗透、冷却性能的高速磨削液(2 分),才能满足线速度 60 m/s 的高速磨削工艺要求(2 分)。

4. 答:(1)有利于提高生产率(1 分);(2)有利于提高砂轮的耐用度(1 分);(3)有利于提高加工精度,改善表面粗糙度(1 分);(4)有利于防止零件的烧伤和裂纹(1 分);(5)消耗功率大,对机床和砂轮有特殊要求(1 分)。

5. 答:首先,在磨削薄片工件前应选择好一个较好的定位平面,在装夹时要注意工件的夹紧变形(2.5 分);其次,在磨削时要注意工件的切削变形和热变形,磨削用量要小,砂轮要锋利(2.5 分)。

6. 答:防止磨削时振动的措施有:(1)对磨床上高速转动的部件做精细平衡(1.5 分);(2)选用合适皮带(1.5 分);(3)提高机床刚性(1 分);(4)合理选择切削用量(1 分)。

7. 答:刃磨步骤如下所述:(1)在拉刀磨床上用砂轮锥面刃磨前刀面(1 分);(2)在外圆磨床上刃磨各排刀齿外圆至尺寸(1.5 分);(3)在外圆磨床上,磨后刀面且控制刃带宽度(1.5 分);(4)刃磨断屑槽(1 分)。

8. 答:由于滚刀的刀槽为螺旋线(1 分),磨削时砂轮要相应倾斜一个滚刀的螺旋角,并用砂轮锥面磨削,以防止干涉(3 分)。螺旋线可由靠模装置获得(1 分)。

9. 答:顶尖、卡头、三爪卡盘、四爪卡盘、平口钳、电磁吸盘等。(不少于 3 个,共 5 分)

10. 答:组合夹具中定位元件,主要用于确定各元件之间或元件与工件之间的相对位置关系,以保证夹具的组装精度(5 分)。

11. 答:专用夹具是指专为某一工件的某道工序的加工而专门设计的夹具,具有结构紧凑,损失迅速、方便等优点(3 分)。专用夹具通常由使用厂根据要求自行设计和制造,适用于产品固定且批量较大的生产中(2 分)。

12. 答:因为刚玉的韧性较好(1 分),不易碎裂(1 分),能保持微刃性和等高性(1 分),从而可以获得较小的表面粗糙度值(1 分),所以超精磨铸铁零件时要选用刚玉砂轮(1 分)。

13. 答:超精密磨削选用的磨料以白刚玉、单晶刚玉为最多(1 分)。砂轮粒度在精密磨削时选用 100～240 号,超精密磨削用 240 号～W20,镜面磨削用 W14～W10,硬度以中软为主,一般以 K 级为最理想等级，且要求整个砂轮的硬度均匀(2 分)。选用的结合剂中陶瓷和树脂的均有(1 分)。砂轮组织应较紧密且均匀(1 分)。

14. 答：M03 主轴顺时针方向旋转(1.5 分)，M04 主轴逆时针方向旋转(1.5 分)，M05 主轴停止(1 分)，M06 换刀(1 分)。

15. 答：G 准备功能(1 分)，F 进给功能(1 分)，S 主轴速度功能(1 分)，T 刀具功能(1 分)，M 辅助功能(1 分)。

16. 答：G72 为带量仪纵磨循环，是固定磨削循环的一种(2.5 分)。G73 为带摆动磨削循环，是固定磨削循环的一种(2.5 分)。

17. 答：表示程序号为 1010 的子程序被连续调用 3 次(5 分)。

18. 答：表示调用子程序 L785，运行 3 次(5 分)。

19. 答：对磨床维护保养的目的是延长机械部件的磨损周期(1 分)，延长数控系统、电器、液压等元器件的使用寿命(3 分)，保证磨床长时间稳定可靠的运行(1 分)。

20. 答：(1)机床开机前，检查机床电压、气压、油压是否正常，磨床是否处在正常状态(2.5 分)；(2)开机后加工前，磨床应进行空运转，空运转时间根据磨床确定，当磨床达到热平衡后再进行加工(2.5 分)。

21. 答：提高进给系统的灵敏度和定位精度(2 分)，传动效率高达 85%～98%(1 分)，可以消除反向间隙并施加预载(1 分)，有助于提高定位精度和刚度(1 分)。

22. 答：在数控机床上，机床的运动是由数控装置来控制的(1 分)，为了确定机床上的成形运动和辅助运动，必须先确定机床上运动的方向和距离(2 分)，在数控机床上用来确定运动轴方向和距离的坐标系称为数控机床坐标系(2 分)。

23. 答：数控机床上的坐标系采用右手直角笛卡尔坐标系(1 分)。数控机床坐标系三坐标轴 X、Y、Z 及其正方向用右手定则判定(2 分)，X、Y、Z 各轴的回转运动及其正方向 $+A$、$+B$、$+C$ 分别用右手螺旋法则判断(2 分)。

24. 答：G00 指令要求刀具以点位控制方式从刀具所在位置用最快的速度移动到指定位置，快速点定位移动速度不能用程序指令设定(2.5 分)。G01 指令是以直线插补运算联动方式由某坐标点移动到另一坐标点，移动速度由进给功能指令 F 设定，机床执行 G01 指令时，程序段中必须含有 F 指令(2.5 分)。

25. 答：分析工件图样(0.5 分)、确定工艺过程(0.5 分)、数值计算(0.5 分)、编写工件加工程序单(1 分)、制作控制介质(0.5 分)、校验控制介质(1 分)、首件试切(1 分)。

26. 答：G04 暂停准停(0.5 分)，G28 返回到参考点(0.5 分)，G32 螺纹切削(1 分)，G50 坐标系设定、主轴最高转速设定(1 分)，G71 纵磨循环(1 分)，G98 每分钟进给(1 分)。

27. 答：M00、M01、M02 都是使机床全部运动停下的功能(2 分)。M00 为无条件停止，不受操作人员控制(1 分)；M01 为有条件停止，受操作人员控制(1 分)；M02 为程序结束指令(1 分)。

28. 答：(1)可以简化程序，如粗、精加工用同一个程序只是修改 D01 中的偏置值(1.5 分)；(2)减少编程人员的坐标计算(1.5 分)；(3)使用不同的刀具时不用再编程(2 分)。

29. 答：刀位点是刀具的基准点，如砂轮边缘、砂轮中心等(1 分)。对刀点是刀具起始运动的刀位点，亦即程序开始执行时的刀位点(1 分)。对刀点的位置应尽量选在工件的设计基准或工艺基准上(1 分)，也可以选择工件外面(1 分)，但必须与工件的定位基准有一定的位置关系(1分)。

30. 答:工件装夹时尾架顶尖不宜顶得过紧,应比磨削一般轴类零件略微松一点,但工件在两顶尖间应无轴向窜动(5分)。

31. 答:(1)砂轮硬度应选用较软的,使砂轮的自锐性能好(1.5分);(2)砂轮粒度应选择较粗的,减少同时参加磨削的磨粒数,这样可以减小切削抗力,减少工件弯曲变形(1.5分);(3)砂轮组织应选用较疏松的,以避免砂轮过早塞实而引起切削抗力增加,可以使工件充分冷却(2分)。

32. 答:圆锥体大小端直径之差与长度之比叫作锥度(2.5分)。圆锥体大小端直径之差的一半与长度之比叫作斜度(2.5分)。

33. 答:磨削内圆锥面可以在内圆磨床和万能外圆磨床上进行(2分)。磨削方法一般有三种:转动工作台磨削(1分)、转动头架磨削(1分)、用成型修整器修整砂轮磨削(1分)。

34. 答:形状为双面凹砂轮,尺寸外径为400 mm(0.5分),厚度为100 mm(0.5分),内径为127 mm(0.5分),磨料为棕刚玉(A)(0.5分),粒度为60号(0.5分),硬度为中软(L)(0.5分),组织号为5号(中等)(0.5分),结合剂为树脂(B)(0.5分),最高线速度为35 m/s(1分)。

35. 答:加工表面粗糙度值越大,选用越粗的磨料(1.5分);加工表面粗糙度值越小,选用越细的磨料(1.5分);砂轮速度高或与工件接触面大时用粗磨料;磨软材料用粗磨料,磨硬材料用细磨料(2分)。

36. 答:(1)多任务与并行处理技术——资源分时共享、并发处理和流水处理(2.5分);(2)实时性与优先抢占调度机制(2.5分)。

37. 答:在砂轮重新修整后,或因工件、机床的热变形以及机床回程时的冲击,都会引起工件螺纹槽与砂轮产生相对偏移,因此需要对线(2分)。对线方法有:停车对线法、初态对线法、定位对线法(3分)。

38. 答:用量程为0～25 mm(2.5分)、精度为0.001 mm(2.5分)的外径千分尺测量。

39. 答:用量程为35～50 mm(2.5分)、精度为0.01 mm(2.5分)的内径百分表测量。

40. 答:径向圆跳动公差带是在垂直于基准轴线的任一测量平面内,半径差为公差值 t 且圆心在基准轴线上的两同心圆之间的区域(5分)。

41. 答:(1)内孔直径;(2)外圆直径;(3)直线度(孔);(4)同轴度;(5)垂直度;(6)槽宽;(7)平面度;(8)其他特殊测量。(至少答出四项,共5分)

42. 答:正弦规是利用三角函数原理测量角度的一种精密量具(2分)。正弦规中心距有100 mm和200 mm两种(3分)。

43. 答:当被磨工件表面层温度达到相变温度以上时,表层金属发生金相组织的变化,使表层金属强度、硬度降低,并伴随残余应力产生,甚至出现微观裂纹,这种现象称为磨削烧伤(5分)。

44. 答:多线螺纹是指沿两条或两条以上的螺旋线形成的螺纹,该螺旋线在轴向等距分布(1分)。单线螺纹是指沿一条螺旋线形成的螺纹(1分)。多线螺纹头数越多制造越困难,一般用途的机械紧固螺纹都是单线螺纹,而多线螺纹适用于要求较高的场合(3分)。

45. 答:将工件的部分结构用大于原图形所采用的比例画出的图形,称为局部放大图(2.5分)。画局部放大图时,应在原图形上用细实线圈出被放大的部位,并在相应的局部放大图上方注出采用的比例(2.5分)。

46. 答:(1)磨削前机车要空运转(1分);(2)检测中心孔的质量(0.5分);(3)调整好工作台的位置(0.5分);(4)精细修整砂轮(0.5分);(5)工件余量要合理(1分);(6)冷却液的选择及其净化(0.5分);(7)选择合理的切削用量(1分)。

47. 答:(1)刀具几何形状(1分);(2)工件材料性质(1分);(3)刀具和工件摩擦的影响(1分);(4)切削过程中的振动影响(1分);(5)积屑瘤的影响(0.5分);(6)切削液的影响(0.5分)。

48. 答:在砂轮强度、机车功率、机床刚性和冷却措施允许的条件下,尽可能提高砂轮的圆周速度,以提高磨削生产率,获得光滑的加工表面和减少砂轮的磨耗(5分)。

49. 答:在保证工件表面粗糙度要求的前提下,应使砂轮在单位时间内切下最多的磨屑而砂轮的磨耗最小。要达到这个目的,应与砂轮的圆周速度配合选择,一般取 $v_{工}/v_{砂}$ 在13～26 m/min之间(5分)。

50. 答:用展成法磨齿的方法有:(1)双片碟形砂轮磨齿(1.5分);(2)双锥面砂轮磨齿(1.5分);(3)蜗杆砂轮磨齿(2分)。

51. 答:(1)夹紧力的作用点应正对支承元件或位于支承元件所形成的支承面内(1.5分);(2)夹紧力的作用点应位于工件刚性较好的部位(1.5分);(3)夹紧力的作用点应尽量靠近工件的加工表面,以减小切削力对夹紧点的力矩,防止或减小工件的加工振动或弯曲变形(2分)。

52. 答:工件没有定位时,在空间有6个自由度,即:直线方向 x、y、z,旋转方向 x、y、z。夹具用适当分布的6个支撑点限制6个自由度的方法,称为六点定位规则(5分)。

53. 答:在磨削过程中,由于磨削热和磨床的轴承、导轨摩擦热以及液压系统、电动机处产生的热量,使机床零件或部件受热而膨胀,结果造成机床各部分不同的变形和相对位置的变化(5分)。

54. 答:由于前后导板均向磨削轮一侧倾斜,在工件进入或退出磨削区时呈倾斜状态,磨削轮端角将工件中部多磨去一些;导轮修整呈中间凹下状,或用切入法磨削时磨削轮表面修整呈中间凸出状,都会使工件磨成细腰形(5分)。

55. 答:主要装夹方法有:(1)用正弦精密平口钳装夹磨斜面(1分);(2)用正弦电磁吸盘装夹磨斜面(1分);(3)用导磁V形铁装夹磨斜面(1分);(4)用精密角铁装夹磨斜面(1分);(5)用组合夹具装夹磨斜面(1分)。

56. 答:磨削偏心工件的装夹方法有:(1)在轴的两端之间加工出偏心中心孔,用两顶尖装夹(1分);(2)用四爪夹盘装夹(1分);(3)用偏心套装夹(1分);(4)大批量生产偏心距较大的工件时,采用中心孔偏心夹具(2分)。

57. 答:液压夹紧装置的作用力大,但结构精密、复杂(2.5分);气动夹紧装置构造简单,气源供应方便,但传动力不大(2.5分)。

58. 答:相同点:夹具的基本结构相同,包括夹具体、定位元件、夹紧元件等,都能满足工件定位精度和夹紧的要求(2.5分)。不同点:数控夹具机构上一般不设置导向装置和元件,不设置对刀调整装置,夹具一般设计得比较紧凑(2.5分)。

59. 答:使用外径百分尺前应该校准尺寸,对0～25 mm的百分尺应将两测量面接触,检查一下活动套管上零线是否与固定套管上的基准线对齐,如果没有对齐则必须先进行调整;对于25～50 mm以上的百分尺,则用量具盒内的标准样棒来校准(5分)。

60. 答:用于夹具在机床的找正(2 分),配合偏摆仪测量工件的径向跳动度、端面跳动度、圆度、圆柱度等(3 分)。

61. 答:该指令只在被指令的程序段有效,在程序段运行结束时即被注销,又称非模态指令(5 分)。

62. 答:文件开始、引导部分、程序开始、程序部分、注释部分、文件结束(3 分)。实际程序可以缺省引导部分和注释部分,而不会影响程序运行(2 分)。

63. 答:采用固定循环可以用一条指令代替多条基本指令(1.5 分),可以自动计算轮廓点坐标(1.5 分),可以缩短程序长度及减少编程工作量(2 分)。

64. 答:CYCLE410 径向切入磨削循环(1 分)、CYCLE411 多次径向切入磨削循环(1 分)、CYCLE412 轴向切入磨削循环(1 分)、CYCLE416 修整循环(2 分)。

65. 答:通常数控系统按照主程序指令运行,当在主程序中出现调用子程序的指令时,系统按子程序的指令运行。当子程序中出现程序结束指令时,结束子程序运行,系统返回主程序,按主程序的指令继续运行(5 分)。

66. 答:设备可靠性是指机器设备的精度、准确度的保持性及零件的耐用性、安全可靠性等。设备的可靠性一般以设备所加工产品或零件的物理性能和化学成分,以及所完成的工程可靠性的技术参数来表示(5 分)。

67. 答:进给伺服系统的作用:进给伺服系统是数控系统主要的子系统。它忠实地执行由 CNC 装置发来的运动命令,精确控制执行部件的运动方向、进给速度与位移量(5 分)。

68. 答:进给伺服系统的技术要求:调速范围要宽且要有良好的稳定性(在调速范围内)(1 分);位移精度高(0.5 分);稳定性好(0.5 分);动态响应快(1 分);还要求反向死区小(1 分),能频繁启、停和正反运动(1 分)。

69. 答:(1)液压系统内存在空气(1 分);(2)溢流阀、节流阀失灵(1 分);(3)导轨摩擦阻力大(1 分);(4)缺乏润滑油(0.5 分);(5)液压缸发生故障(0.5 分);(6)背压阀失灵(1 分)。

70. 答:机床关机操作一般步骤如下:观察机床是否处于工作结束状态(1 分);取下加工完成的工件,清洁机床(1 分);使工作台和砂轮架处在中间位置,避免首压不均产生变形(1 分);将方式开关置在 JOG 方式,按下急停按钮;将系统电源关闭(1 分);关闭机床电源;关闭外部电源;做好记录(1 分)。

71. 答:G90 表示绝对尺寸编程,X20.0、Y15.0 表示的参考点坐标值是绝对坐标值(2.5 分)。G91 表示增量尺寸编程,X20.0、Y15.0 表示的参考点坐标值是相对前一参考点的坐标值(2.5 分)。

72. 答:(1) 加工工艺分析(1 分);(2) 数值计算(1 分);(3) 编写零件加工程序单(1 分);(4) 制备控制介质(1 分);(5) 程序校对与首件试切(1 分)。

73. 答:(1)应能保证零件的加工精度和表面粗糙度要求(1.5 分);(2)应使走刀路线最短,减少刀具空行程时间或切削进给时间,提高加工效率(2 分);(3)应使数值计算简单,程序段数量少,以减少编程工作量(1.5 分)。

六、综 合 题

1. 答:$K=(D-d)/L=1:10$(5 分),$\tan\alpha=K/2=0.05$,则 $\alpha=\arctan 0.05$(5 分)。

2. 答:$K=(d_2-d_1)/H=(34.776-31.276)/70=1:20$(10 分)。

3. 答:螺纹环规是两件作为一套使用,分别是通规和止规(1分)。(1)通规:先清理干净被测螺纹油污、杂质,然后用拇指与食指转动通端与被测螺纹,使其在自由状态下旋合通过螺纹长度,判定是否合格(3分)。(2)止规:清理干净被测螺纹油污及杂质,止端与被测螺纹对正后,用大拇指与食指转动止端和被测外螺纹,旋入螺纹长度在2个螺距之内为合格,旋入螺纹过多即为不良品(3分)。(备注:以上所说只适用于公制、美制、英制的普通机械连接螺纹及美英制非螺纹密封量规的使用方法,不适合锥度螺纹量规,锥度量规是以基准位置检测)

4. 答:如图1所示(10分)。

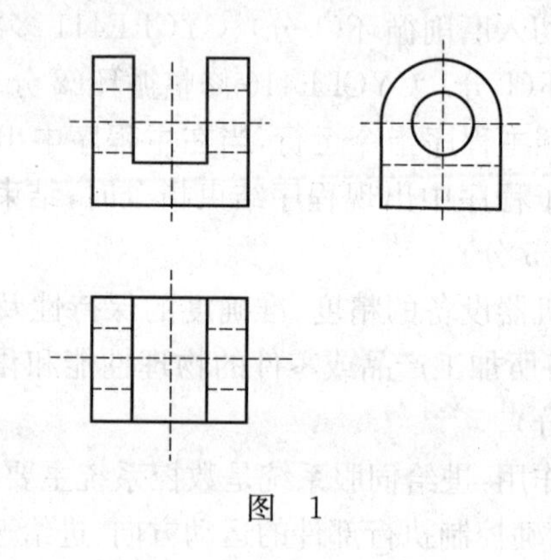

图　1

5. 答:如图2所示(10分)。

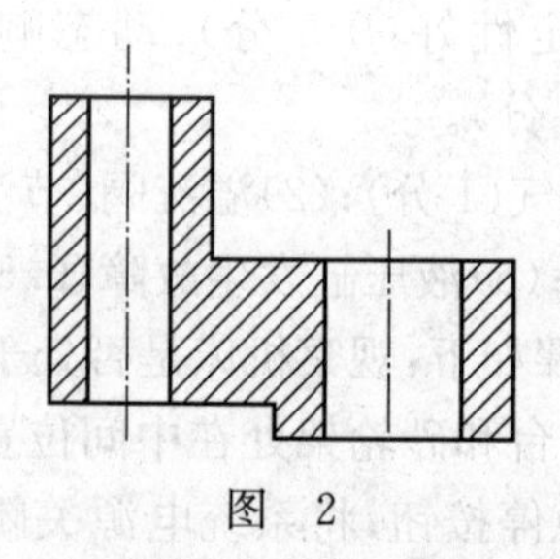

图　2

6. 答:(1)两个零件的接触表面只用一条轮廓线表示,非接触面用两条轮廓线表示(3分)。(2)在剖视图中,相接触的两个零件的剖面线方向应相反或间隔不等以示区分,多个零件相接触时同样处理。在各个视图中,同一个零件的剖面线的方向和间隔必须一致(3分)。(3)在剖视图中,对一些实芯零件(如轴等)和标准件,若按纵向剖切,且剖切平面通过其轴线或对称面时,这些零件按不剖处理(4分)。

7. 答:油基切削液的润滑性能较好,冷却效果较差(2分)。水基切削液与油基切削液相比,润滑性能相对较差,冷却效果较好(2分)。慢速切削要求切削液的润滑性要强,一般来说,切削速度低于30 m/min时使用切削油(2分)。含有极压添加剂的切削油,不论对任何材料的切削加工,当切削速度不超过60 m/min时都是有效的(2分)。在高速切削时,由于发热量大,油基切削液的传热效果差,会使切削区的温度过高,导致切削油产生烟雾、起火等现象,并且由于工件温度过高产生热变形,影响工件加工精度,故多用水基切削液(2分)。

8. 答:如图3所示,计算得到:$d=38.64$ mm,$\alpha=\arcsin 0.966$(10分)。

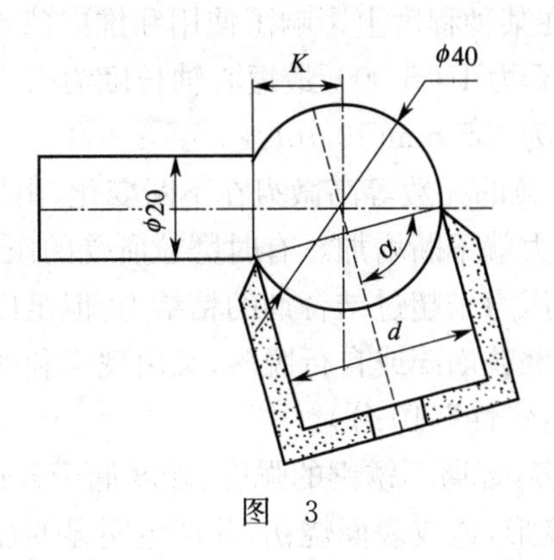

图 3

9. 答:如图 4 所示,计算得到:砂轮直径 d 为 77.46 mm,倾斜角 $\alpha=\arcsin0.6455$(10 分)。

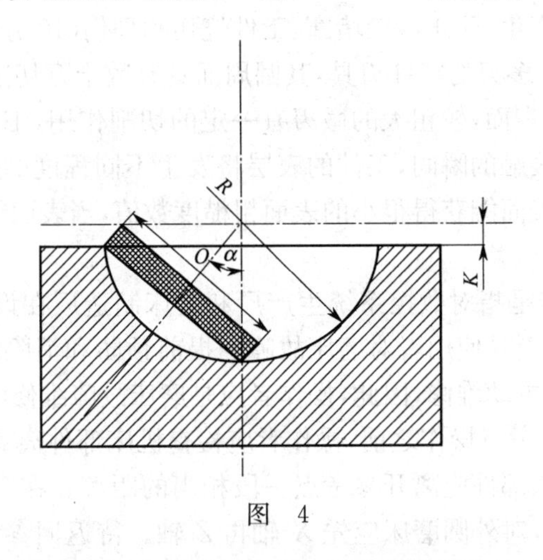

图 4

10. 答:因为具有残余应力的工件处于不稳定状态,具有恢复到无应力状态的倾向,在常温下会缓慢地产生变形,丧失原有的加工精度。此外,具有残余应力的毛坯及半成品,切去一层金属后,原有的平衡状态被破坏,内应力重新分布,使工件产生明显的变形。所以要消除或尽可能减少工件的残余应力(10 分)。

11. 答:硬质合金本身具有硬度高、脆性大、导热性差、塑性和抗拉强度低、弹性模数大等特点,加上磨削表面局部的瞬时高温达 1 000 ℃以上,而且瞬时温升极快,这样便在硬质合金表面出现了不均匀的变形,从而导致硬质合金表面在生热与冷却的变化中产生裂纹(10 分)。

12. 答:如果双销都采用短圆柱销,就会出现过定位的现象,假定工件的第一个孔可以顺利地装到第一个销上,则第二个孔就有可能由于销间距和工件孔距误差的影响而装不到第二个销上,为此可以用减小第二销直径的方法来把工件装到夹具上去,但这样会使第二销和孔之间的间隙增大,从而转角误差增加,所以一般不采用这种方法,而采用第二销削边成菱形的方法来解决过定位的问题(10 分)。

13. 答:组合夹具是由一套预先制造好的各种不同形状、不同规格且具有互换性的标准元件根据工件的加工要求组合拼装而成的夹具(2 分)。组合夹具的特点:(1)可以大大缩短设计和制造专用夹具的周期和工作量(2 分);(2)可以节省设计和制造专用夹具的材料、资金和设备(2 分);(3)能缩短生产准备周期,减少专用夹具品种、数量和存放面积(2 分);(4)但组合夹具刚性较差，初始费用较大，在某种程度上影响了使用和推广(2 分)。

14. 答：锥度心轴的锥度 K 为 1∶5 000，最短心轴长度为 L，则有公式 $L=T/K=0.027\times 5\ 000=135$(mm)，即心轴最短为 135 mm(10 分)。

15. 答：在磨削过程中，磨粒的无数等高微刃在不断变化，由锋利而变钝，钝化了的砂轮继续进行磨削，作用在磨粒上的力就不断增加。有时磨粒所受的压力超过结合剂的粘结力，磨粒便自动脱落；有时磨粒所受的压力未超过结合剂的粘结力，但足以使磨粒自身崩碎而形成新的锋利的刃口。故而，钝化了的磨粒崩碎或自行脱落，又出现锋利的磨粒使砂轮保持原来的切削性能，砂轮的这种性能称为“自锐性”(10 分)。

16. 答：不锈钢的种类很多，普通不锈钢的强度、硬度低于普通钢，塑性、韧性较好，其热导率较小。磨削时很容易产生变形，造成表面烧伤，并产生明显的加工硬化，而且容易堵塞砂轮。在磨削不锈钢时，宜选用硬度较低、组织较松的砂轮，磨料则以单晶刚玉为好。磨削时切削液要充足，以抑制磨削热的产生，防止砂轮堵塞、工件烧伤和划伤(10 分)。

17. 答：砂轮作为一种多刃的特殊刃具，其圆周面具有数十万切削微刃，每个微刃在高速、高温条件下交替切削磨削表面，较粗大的微刃有一定的切削作用，细小的微刃则以摩擦、抛光作用为主，在微刃与工件接触的瞬间，工件的表层将发生不同程度的弹性变形和塑性变形，由于微刃具有等高性，磨削表面能获得很小的表面粗糙度数值，当表面粗糙度 R_a 为 0.001 2 μm 时，就是镜面磨削(10 分)。

18. 答：深层维护保养是指对数控系统生产厂和磨床制造厂在设计和生产中的不足进行弥补的维护保养。这实质上是使用者对磨床故障的提前预防和消除隐患，是在磨床还在正常工作时便开始对磨床进行主动维修，因此，操作者应是磨床故障维修的第一人(10 分)。

19. 答：在进行返回参考点操作之前，操作者应检查机床部件离参考点的距离。为保证返回参考点能正常执行，机床部件应离开参考点一段相当的距离。在多轴机床上要考虑各轴执行返回参考点操作的顺序，对外圆磨床应先 X 轴再 Z 轴。待返回参考点操作完成后，操作者应观察一下各轴所处参考点的实际位置是否有较大的变化，甚至相差一个螺距，以免忽略没有报警的故障(10 分)。

20. 答：机床零点即机床坐标系原点，是由机床厂家在设计时确定的(3 分)。机床参考点是指机床各运动部件在各自的正方向上自动退至极限的一个固定点(由显微开关准确定位)(3 分)。至参考点时所显示的机床坐标值是表示参考点与机床原点间的距离，机床回参考点后该数值即被记忆在数控系统中，并在系统中建立了机床原点作为系统运算的基准点(4 分)。

21. 答：闭环系统的位置检测包含了进给传动链的全部误差(滚珠丝杠螺纹副和导轨副间隙等)，因而可以达到很高的控制精度(定位精度一般在±0.001 mm 以内)(2 分)。闭环控制系统的误差来源：(1)检测装置本身的制造误差(2 分)；(2)安装检测装置时引起的安装误差(2 分)；(3)检测装置绕组供电误差(2 分)；(4)由于机床零件和机构的误差(机床几何参数误差、配合间隙、振动、零件的弹性变形和热变形、配合处的磨损等)，使得检测装置在检测过程中出现误差，从而造成测量值失真(2 分)。

22. 答：由 $n_{工}=1\ 000\times v_{工}/(\pi\times D_{工})$知，$n_{工}=1\ 000\times 30/(3.14\times 40)=238.85$ r/min≈240 r/min(10 分)。

23. 答：宽砂轮磨削也是一种高效磨削，靠增大磨削宽度来提高磨削效率。一般外圆磨削砂轮的宽度仅为 50 mm 左右，而宽砂轮外圆磨削砂轮的宽度可达 300 mm 左右，平面磨削砂轮的宽度可达 400 mm，无心磨削砂轮的宽度可达 800～1 000 mm。在外圆和平面磨削中，一般采用切入磨削法，在无心磨削中除采用切入磨削法外，还采用通磨。宽砂轮磨削工件精度可达 h6，表面粗糙度可达 0.63 μm(10 分)。

24. 答：0XXX

```
N10 G50 X_ Z_;
N20 S_ M03;
N30 G00 X30.0 Z1.0 M08;(快速定位)
N40 G01 G98 X20.6 Z0.2 F100;(进给趋近)
N50 G99 X20.35 Z0.1 F0.1;(粗磨)
N60 X20.02 Z0.05 F0.005;(半精磨)
N70 X20.0 Z0.0 F0.002;(精磨)
N80 G04 U4.0;(无火花磨削)
N90 G28 X30.0 Z1.0;(快速退回)
N100 M30;(10 分)
```

25. 答：如图 5 所示。

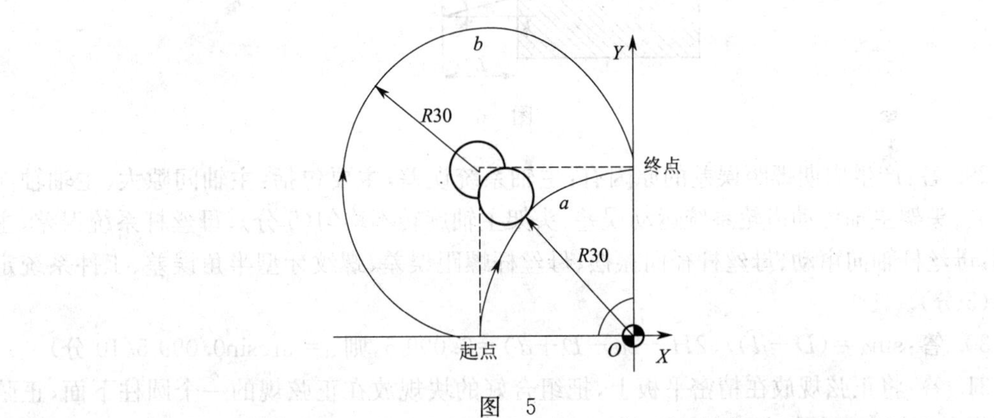

图 5

(1)圆弧 a 程序(2.5 分)：

G90 G02 X0 Y30 R30 F300

G91 G02 X30 Y30 R30 F300

圆弧 b 程序(2.5 分)：

G90 G02 X0 Y30 R−30 F300

G91 G02 X30 Y30 R−30 F300

(2) 圆弧 a 程序(2.5 分)：

G91 G02 X30 Y30 I30 J0 F300

G90 G02 X0 Y30 I30 J0 F300

圆弧 b 程序(2.5 分)：

G91 G02 X30 Y30 I0 J30 F300

G90 G02 X0 Y30 I0 J30 F300

26. 答:(1)适应高速切削要求,具有良好的切削性能(2分);(2)高的可靠性(1分);(3)较高的刀具耐用度(1分);(4)高精度(1分);(5)可靠的断屑及排屑措施(2分);(6)精度迅速的调整(1分);(7)自动快速的换刀(1分);(8)刀具标准化、模块化、通用化及复合化(1分)。

27. 答:砂轮修整后,应尽量保证磨粒在工件全长上切削时都锋利,这样可以减少切削抗力。粗磨时,修整砂轮可以适当增加横向进给,以使砂轮露出较大的磨粒刃口,这样磨粒不易钝化(5分);精磨时,在最后一次砂轮修整前,用油石略微修去砂轮两边尖角,以保证工件表面粗糙度。为了保证砂轮端面角的锋利,最后一次修整时,走刀必须在砂轮的右端进刀,这样可以使砂轮的左角尖锐,以便负担主要切削工作,而不至于过早钝化(5分)。

28. 答:如图6所示,由公式 $H=L\sin\alpha$ 计算可得:$h=2(L_1-L_2)\sin\alpha=2\times(4-2)\times0.0995=0.398$(mm)(10分)。

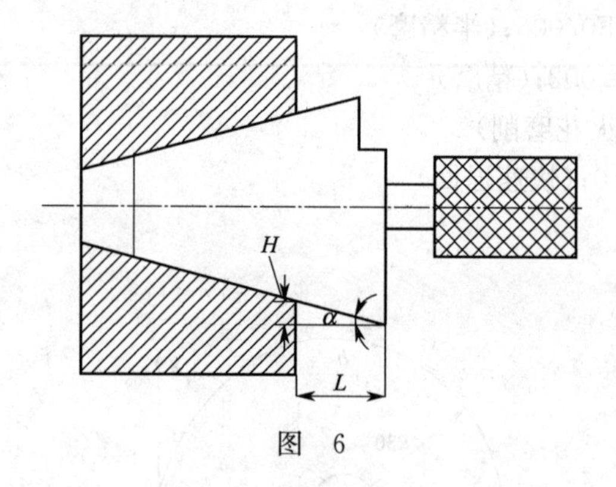

图 6

29. 答:产生周期螺距误差的原因有:主轴系统误差,主要包括:主轴间隙大、主轴轴向窜动量大、头架主轴传动齿轮系统运动误差、头架主轴旋转不均匀(5分);母丝杆系统误差,主要包括:母丝杆轴向窜动、母丝杆径向振摆、母丝杆螺距误差、螺纹牙型半角误差、工件系统定位误差(5分)。

30. 答:$\sin\alpha=(D-d)/(2H-2a-D+d)=0.0995$,则 $\alpha=\arcsin0.0995$(10分)。

31. 答:将正弦规放在精密平板上,把组合好的块规放在正弦规的一个圆柱下面,正弦规的工作台面便和平板倾斜成 2α 角(锥度角),然后再将圆锥工件放在正弦规的工作台面上,使锥体的下母线与工作台平面贴合。用百分表测量头沿着锥体的上母线横向移动,分别从百分表上读出前后两点的最大值,如果百分表在前后两点的读数相同,则表示工件锥度准确,反之工件锥度不准确(10分)。

32. 答:$H=L\sin2\alpha=5.0196$ mm(10分)。

33. 答:(1) 蜗杆分度圆直径的检测:可以用公法线千分尺(三针测量法)进行测量。公法线千分尺测量即三针测量法是测量外螺纹中径的一种比较精密的方法。测量时,在螺纹凹槽内放置具有相同直径的三根量针,然后用千分尺测量尺寸的大小以验证所加工螺纹的中径是否正确(2分)。(2)蜗杆法向齿厚的测量:可以用齿厚游标卡尺测量。蜗杆的图纸一般只标注轴向齿厚,在齿形角正确的情况下,分度圆直径处的轴向齿厚与齿槽宽度应相等。但轴向齿厚无法直接测量,常通过对法向齿厚的测量来判定轴向齿厚是否正确。齿厚游标卡尺由互相垂直的齿高卡尺和齿厚卡尺组成。测量时把刻度所在的卡尺平面与蜗杆轴线相交一个蜗杆导程角。测量时应把齿高卡尺的读数调整到齿顶高尺寸(必须注意齿顶圆直径尺寸的误差对齿顶高的影响),齿厚卡尺所测的读数就是法向齿厚的实际尺寸。这种方法所测量的精度比三针测量法差(2分)。(3)蜗杆导程的测量:分线时和螺旋线加工时就直接用游标卡尺进行测量(2分)。(4)齿形角的测量:在加工完成时用万能角度尺测量即可(2分)。(5)蜗杆齿顶圆、齿根圆的测量:用游标卡尺、千分尺直接测量即可(2分)。

34. 答:螺纹量规的传递系统中,螺纹与制件旋合可出现四种典型情况:(1)量规与制件半角相等,但其中有一个偏斜,只要中径不一样,它们能旋合,但牙面是点接触(2.5分)。(2)螺距不同,但只要内螺纹中径足够大,同样也可能出现点接触(2.5分)。(3)中径一样大,半角不同,这时不能旋合(2.5分)。(4)半角不同,但中径有足够差别,它们也可旋合(2.5分)。因此,只要采用通端和止端的两种量规,就可对螺纹制件的全部尺寸(螺纹内径、中径、外径、螺距、牙型角)进行综合检查。

35. 答:Z 坐标轴:Z 轴是首先要确定的坐标轴,是机床上提供切削力的主轴轴线方向,如果一台机床有几个主轴,则指定常用的主轴为 Z 轴(4分)。X 坐标轴:X 轴通常是水平的,且平行于工件装夹面,它平行于主要切削方向,而且以此方向为正方向(3分)。Y 坐标轴:Z 轴和 X 轴确定后,根据笛卡尔坐标系,与它们互相垂直的轴便是 Y 轴。机床某一部件运动的正方向是增大工件和刀具之间距离的方向(3分)。

数控磨工(高级工)习题

一、填 空 题

1. 正投影法是指(　　)与投影面垂直,对形体进行投影的方法。

2. 三视图就是(　　)、俯视图、左视图(侧视图)的总称。

3. 将机件的某一部分向(　　)投射所得到的视图称为局部视图。

4. 零件的(　　)可以分为设计基准和工艺基准。

5. 表达(　　)及装配关系的图样称为装配图。

6. 设计时,根据零件的使用要求对零件尺寸规定一个允许的(　　),这个允许的尺寸变动量即为尺寸公差。

7. 形位公差是指零件要素的(　　)和实际位置对于设计所要求的理想形状和理想位置所允许的变动量。

8. 决定零件主要尺寸的基准称为(　　),而附加基准称为辅助基准,基准之间一定有尺寸联系。

9. 基本偏差一定的孔的公差带,与不同基本偏差的轴的公差带形成各种配合的制度,称(　　)配合制。

10. (　　)R_a是指在取样长度内轮廓偏距绝对值的算术平均值。

11. 当零件表面的大部分粗糙度相同时,可将相同的粗糙度代号标注在右上角,并在前面加注(　　)两字。

12. (　　)可分为钢铁金属和非铁金属两类。

13. 金属材料的(　　)可分为机械性能和工艺性能。

14. 金属材料的工艺性能包括热处理(　　)、铸造性能、锻造性能、焊接性能、切削加工性能。

15. 铸铁可分为(　　)、灰口铸铁、可锻铸铁、球墨铸铁、蠕墨铸铁及特殊性能铸铁。

16. 钢的热处理是将钢在固态下施以不同的加热、保温和冷却,从而获得需要的(　　)和性能的工艺过程。

17. 合金结构钢的钢号由数字+元素+数字三部分组成,前面的数字表示(　　)。

18. 铬是使不锈钢获得耐蚀性的基本元素,当钢中含铬量达到12%左右时,(　　),在钢表面形成一层很薄的氧化膜,可阻止钢的基体进一步腐蚀。

19. (　　)及其合金又称非铁材料,是指除 Fe、Cr、Mn 之外的其他所有金属材料。

20. 渗碳钢通常是指(　　)后使用的钢。

21. (　　)是除金属材料以外的其他一切材料的总称,主要包括有机高分子材料、无机非金属材料和复合材料三大类。

22. 低合金通常是在(　　)状态下使用的,其组织结构为铁素体+珠光体。

23. 用于制造各种(　　)和其他工具的钢称为工具钢。

24. 在高温下有一定(　　)和较高强度以及良好组织稳定性的钢称为热强钢。

25. 表面淬火是将工件的表面层淬硬到一定深度,而心部仍保持(　　)状态的一种局部淬火法。

26. 橡胶是以高分子化合物为基础的具有显著(　　)的材料。

27. (　　)是一种挠性传动,由链条和链轮组成。

28. 无论是一般车削,还是车螺纹,进给量都是以主轴转一转,(　　)的距离来计算。

29. 零件的机械加工质量包括加工精度和(　　)。

30. 工艺基准分为工序基准、定位基准、测量基准、(　　)。

31. 当液压系统的两点上有不同的压力时,流体流动至压力较低的一点上,这种流体运动叫作(　　)。

32. 砂轮是(　　),是由磨料(砂粒)和结合剂粘贴在一起焙烧而成的疏松多孔体。

33. 现国标砂轮书写顺序:(　　)、尺寸(外径×厚度×孔径)、磨粒、粒度、硬度、组织、结合剂、最高工作线速度。

34. 砂轮磨料分为天然磨料和(　　)两大类。

35. 在切削过程中(　　)叫作切削运动。

36. (　　)包括切削用量和切削层横截面要素。

37. (　　)根据用途不同可以分为三种类型:万能量具、专用量具、标准量具。

38. 游标卡尺的(　　)是 0.02 mm、0.05 mm、0.1 mm。

39. 千分尺的(　　)为 0.01 mm。

40. 百分表的(　　)1 mm,通过齿轮传动系统使大指针回转一周。

41. 工件在空间具有六个(　　)。

42. (　　)是指刀具材料在高温条件下不易与工件材料和周围介质发生化学反应的能力。

43. 一般数控车床主要由(　　)、数控装置、伺服机构和机床四个基本部分组成。

44. 点位控制数控机床的特点是机床移动部件从一点移动到另一点的准确定位,各坐标轴之间的运动是(　　)。

45. 零件程序所用的代码主要有(　　)G 指令、进给功能 F 指令、主轴功能 S 指令、刀具功能 T 指令、辅助功能 M 指令。

46. 数控车床 CRT/MDI 面板中,(　　)表示坐标位置显示;PROGRAM 键表示程序显示;OFFSET/SETTING 键表示刀具补偿(偏置设定)。

47. 加工中心的主要加工对象有箱体类零件、复杂曲面、异形件和(　　)。

48. 通常程序段由若干个(　　)组成。

49. 固定程序段落不使用(　　),也不使用计数用的分隔符,它规定了在输入中所有可能出现的字的顺序。

50. (　　)可用于检索,便于检查交流或指定跳转目标等,一般由地址符 N 和后续四位数字组成。

51. (　　)代码地址符为机床准备某种运动方式而设定。

52. (　　)按用途分类可分为:基准工具、量具、绘划工具、辅助工具。

53. 锉刀粗细刀纹的选择和预留加工量选择锉刀刀纹也是一个比较讲究的问题，主要根据工件对(　　)的要求而定。

54. 铰孔时，(　　)对孔的扩张量及孔的表面粗糙度有一定的影响。

55. 在工件上加工出(　　)的方法，主要有切削加工和滚压加工两类。

56. 螺纹切削一般指用(　　)或磨具在工件上加工螺纹的方法，主要有车削、铣削、攻丝、套丝、磨削、研磨和旋风切削等。

57. 四色环电阻器是色环为(　　)，表示阻值为 15 kΩ、误差为±5%的电阻器。

58. (　　)表达样式如下：LW5—□□□/□，4 个方框内依次是额定电流、定位特征代号、接线图编号、触头系统挡数。

59. (　　)按结构划分可分为熔体、触头、外壳、底座四部分。

60. 万用表测量电流或电压时，如果不知道被测电压或电流的大小，应先用(　　)，而后再选用合适的挡位来测试。

61. 一般认为电机是(　　)的设备，前者即旋转电机，包括发电机和电动机，后者即变压器。

62. 常见的(　　)有电动力吹弧、窄缝灭弧、栅片灭弧、磁吹灭弧。

63. 触电是人体直接或间接(　　)，电流通过人体造成的伤害，分电击与电伤两种。

64. 不允许使用(　　)、报废的钢丝绳。

65. (　　)的主要原因有三：一是人为的不安全因素；二是机械设备本身的缺陷；三是操作环境不良。

66. 环境保护是指人类为解决现实的或潜在的(　　)问题，协调人类与环境的关系，保障经济社会的持续发展而采取的各种行动的总称。

67. 环境保护是利用环境科学的理论和方法，协调人类与环境的关系，解决各种问题，保护和改善环境的一切(　　)的总称。

68. 有效决策建立在数据和(　　)的基础上。

69. 决策具有(　　)、选择性和客观性。

70. GB/T 9000 族标准区分了质量管理体系要求和(　　)。

71. 画复杂的零件图，要先画主体，再画(　　)等细节。

72. 箱体类零件主要作用是用来(　　)其他零件。

73. 轴测图是一种(　　)投影图，在一个投影面上能同时反映出物体三个坐标面的形状。

74. 轴测图根据投射线方向和轴测投影面的位置不同可分为正轴测图和(　　)两大类。

75. 装配图画法有五种：基本画法、(　　)、夸大画法、简化画法和展开画法。

76. 液压传动能量的传递和转换过程：(　　)。

77. 组成机器的最小单元称为(　　)。

78. 零件图的内容包括(　　)。

79. 刀体的组成有(　　)。

80. (　　)是刀具上与工件过渡表面相对的表面。

81. 机械加工工艺规程包括：工件加工的(　　)、各工序的具体内容及所用的设备和工装设备、工件的检验项目及检验方法、切削用量、时间定额等。

82. 在机械加工过程中从加工表面切除的金属层厚度叫(　　)。

83. 随着砂轮速度和(　　)的增加,高速磨削时磨削温度增高,易烧伤工件表面。

84. 轴向进给量的大小直接影响(　　)、砂轮耐用度和加工表面质量。

85. 复杂形状外圆的磨削加工通常有(　　)、成型磨削以及轮廓磨削与成型磨削的复合磨削。

86. 轮廓磨削是指砂轮沿(　　)进给进行磨削。

87. 机械加工工艺规程是规定(　　)机械加工工艺过程和操作方法等的工艺文件之一。

88. 零件加工时,一般不是依次加工完各个表面,而是将各表面的(　　)加工分开进行。

89. 组合夹具基本特点中的"三化"是指标准化、(　　)、通用化。

90. 专用夹具是根据某一零件的结构特点专门设计的夹具,具有结构合理、刚性强、(　　)、操作方便、能提高安装精度及装夹速度等优点。

91. 用调整法加工一批零件才产生定位误差,用(　　)不产生定位误差。

92. 夹具是按照(　　)加工要求专门设计的。

93. 工件位置的校正方法有:(　　)、划线法、固定基面靠定法。

94. 装夹又称安装,包括(　　)两项内容。

95. 菱镁磨具主要用于瓷砖、微晶玻璃等表面的粗磨、中磨、细磨直到(　　),实用性强,用量大。

96. 磨具按其原料来源分为(　　)两类。

97. 圆度测量有回转轴法、(　　)、投影法和坐标法等方法。

98. 节点的计算方法一般可根据(　　)及加工精度要求等选择。

99. 当加工精度要求较高时,可采用逼近程度较高的(　　)计算插补节点。

100. 若轮廓曲线的曲率变化不大,可采用(　　)计算插补节点。

101. 若轮廓曲线的曲率变化较大,可采用(　　)计算插补节点。

102. 数控磨床编程中准备功能字的地址符是(　　),是用于建立机床或控制系统工作方式的一种指令。

103. 数控磨床编程中进给功能字的地址符是(　　),用于指定切削的进给速度。

104. 用户宏程序中条件运算符(　　)表示"="。

105. 用户宏程序中条件运算符 GT 表示(　　)。

106. 为防止误操作机床等不安全行为,在对设备的转动、滑动、带电等部位进行维护前,需要时应(　　)。

107. 维护保养作业完成后,清洁相关部位的污渍、油、水,(　　)保养工具、物品。

108. (　　)是用液体作为工作介质来传递能量和进行控制的传动方式。

109. 液压传动装置使用工作压力高的(　　)介质。

110. (　　)就是利用人的感官注意发生故障时的现象并判断故障发生的可能部位。

111. 故障检查与排除时,(　　)后,方可插、拔插头、连接器或拆卸电气元器件。

112. 一般切削宽度与刀具的直径成(　　),与切削深度成反比。

113. 主轴转速一般根据(　　)来决定。

114. 磨削细长轴的关键是如何增加工件的(　　),减小磨削力和磨削热。

115. 连杆颈跟踪磨削工艺可显著地提高曲轴连杆颈的磨削效率、(　　)和加工精度。

116. 外圆磨削的形式包括中心型外圆磨削、无心外圆磨削和(　　)。

117. 作为切削工具的砂轮，是由磨料加结合剂用(　　)的方法而制成的多孔物体。

118. 轴类零件的机械加工工艺过程首先要根据(　　)划分加工的阶段。

119. 最大限度的工序集中就是，在(　　)完成工件所有表面的加工。

120. 磨削加工操作者必须取得(　　)后，才具备上机操作资格。

121. 实际生产中，对于表面粗糙度 R_a 为 0.04～1.6 μm 的内孔加工，常用加工工艺是磨削、(　　)、拉削、珩磨等。

122. 砂轮是最重要的磨削工具，也是(　　)中最主要的一大类。

123. 磨削用量的选择原则也是在保证(　　)的前提下，尽量提高生产效率。

124. 按磨削效率将磨削分为普通磨削和(　　)。

125. 对于精度要求高的平面以及淬火零件的平面加工，需要采用(　　)。

126. (　　)的作用是将磨料粘合成具有一定强度和形状的砂轮。

127. 刀具磨削烧伤中磨削用量主要影响砂轮速度和(　　)。

128. (　　)加工是指用磨料来切除材料的加工方法。

129. 齿轮磨削加工操作时应密切注意(　　)的接触状况。

130. (　　)是一种特殊的切削刀具，每一个磨粒相当于一把刀，一个砂轮相当于成千上万把刀同时进行切削。

131. 量块组合使用时，为减少量块组合的积累误差，应力求使用最少的块数，一般不超过(　　)块。

132. 将被检测的工件表面与(　　)进行比较，来确定工件表面粗糙度的方法称为比较量法。

133. 当被测要素的形位公差与尺寸公差按最大实体原则相关时，要求其作用尺寸不超出(　　)，其局部实际尺寸不超出极限尺寸。

134. 一个完整的测量过程包括：被测对象、(　　)、测量方法和测量误差。

135. 外圆磨削加工误差主要是由机床热变形、(　　)、进给误差和工件的误差复印引起的。

136. 随动磨削具有加工工艺性及(　　)、效率高和成本低的特点。

137. 随动磨削加工精度更易受到来自(　　)、工艺系统动态特性以及数控系统因素的影响。

138. 程序编制中产生的误差是由三部分组成的，即逼近误差、插补误差、(　　)。

139. 工业检测仪表系统常以(　　)作为判断其精度等级的尺度。

140. 在自动化测量中，压力传感器常见的型式有应变式、压阻式、(　　)、电容式等。

141. 角度的误差，可用转动工作台经过(　　)及测量来进行调整。

142. 砂轮不平衡会产生系统(　　)，从而使工件产生波纹。

143. 如果加工位置距离卡盘爪远，加工后误差容易被(　　)，严重时可能造成同轴度超差。

144. 磨削过程中由于机床、(　　)、砂轮系统的振动而在零件表面上形成具有一定周期的高低起伏。

145. 在成批大量生产中，对螺纹尺寸多用(　　)进行综合测量。

146. 双频激光干涉仪为(　　)结构，安装位置灵活，便于分析机床误差来源。

147. 双频激光干涉仪可以在工作部件运动过程中(　　),更接近机床的实际使用状态。

148. 某仪器在示值为 20 mm 处的校正值为−0.002 mm,用它测工件时,若读数正好为 20 mm,工件实际尺寸为(　　)。

149. 装配图是表达机器或部件的图样,主要表达其(　　)和装配关系。

150. 基面是通过主切削刃选定点,(　　)假定主运动方向的平面。

151. 切削平面是通过主切削刃选定点,与切削刃(　　)基面。

152. 正交平面是通过主切削刃选定点,并(　　)基面和切削平面。

153. 宽砂轮磨削也是一种高效磨削,是靠(　　)来提高磨削效率。

154. 自激振动又叫颤振,颤振是由系统自身产生的(　　)所维持的振动。

155. 相对砂轮磨削而言,砂带磨削有(　　)之称,即磨削温度低,工件表面不易出现烧伤等现象。

156. 磨削加工一般是属于零件的后道工序,即零件的(　　)。

157. 固结磨具的三要素是磨料、(　　)、气孔。

158. 螺旋测微器是依据(　　)的原理制成的。

159. 轮廓仪可测量各种精密机械零件的(　　)。

160. 等步长直线逼近计算方法,即只要求出(　　),就可以结合容差确定允许的步长,再按步长计算各节点坐标。

161. 手工编程是利用一般的计算机工具,通过各种数学方法,(　　)进行刀具轨迹的运算,并进行指令编制的编程方法。

162. (　　)是指加工复杂形状的多轴控制或工序集中、自动化程度高、高度柔性的数控磨床。

163. 润滑剂可在摩擦面之间减小(　　)、表面锈蚀金属间的咬焊与表面脱落造成的磨损。

164. 液压传动是用(　　)作为工作介质来传递能量和进行控制的传动方式。

165. 在处理机床电路板故障时,更换某些电路板(如 CCU 板)之后,需对机床的参数和程序进行(　　)。

166. 采用凹形砂轮磨削法加工精密细长轴时,因砂轮整体宽度不变,可减少细长轴在旋转中产生的(　　)。

167. 采用(　　)工艺能十分容易地实现曲轴种类不同型号曲轴的磨削加工。

168. 在对连杆颈进行随动磨削时,曲轴以(　　)为轴线进行旋转。

169. 曲轴连续轨迹数控磨削,通过控制砂轮的横向进给和(　　),两轴联动控制运动,以保证连杆颈的磨削精度和表面质量。

170. 机床各部件的相对运动关系中,(　　)和砂轮架的横向快速进退运动属于辅助运动。

171. 磨削中,磨粒本身会逐渐磨钝,使切削能力变差,当切削力超过粘结剂强度时,磨钝的磨粒会脱落,露出一层新的磨粒,这就是砂轮的(　　)。

172. 在机床工作台上安装夹具时,首先要(　　),并要找正其与刀具的相对位置。

173. 在两顶尖间装夹轴类工件时,装夹前要调整尾座,使两顶尖(　　)。

174. 夹紧工件时,对刚性较差的(或加工时有悬空部分的)工件,应在适当的位置增加

(　　),以增强其刚性。

175. 在内、外圆磨床上磨削易变形的薄壁工件时,夹紧力要适当,在精磨时应适当(　　)夹紧力。

176. 深孔磨削加工装夹砂轮时,必须在修砂轮前后进行静平衡试验,并在砂轮装好后进行(　　)。

177. (　　)是指砂轮上磨粒受力后自砂轮表层脱落的难易程度。

178. 磨削深度增加时,能提高(　　),但工件表面粗糙度值增加、砂轮磨损加剧。

179. 刀具装夹后,应用(　　)或试切等方法检查刀具安装位置的正确性。

180. 紧密组织的砂轮适用于(　　)和精密磨削。

181. 残余应力是指零件在去除(　　)作用后,存在于零件内部的应力。

182. 砂轮主轴间隙过大造成不稳定,引起主轴的(　　),导致磨削表面出现波纹。

183. 液压传动的基本原理为(　　)原理。

184. 表面粗糙度是指零件的加工表面上具有的较小间距和微小峰谷所形成的(　　)特性。

185. 正确地选择磨削用量可以提高丝杠的精度和提高表面质量,减少(　　)等表面缺陷。

186. 锥度磨削时,砂轮法兰盘锥孔与主轴(　　)配合接触不良,磨削时引起砂轮振动。

187. 在精磨时和通常的无火花磨削时,(　　)往往占主要地位。

188. 气动量仪是一种(　　)的精密尺寸比较测量仪器。

189. 标定规就是标定一套气动测量系统或任何相关测量系统的(　　)。

190. 对刀误差就是在数控加工时,确定刀具相对于工件(　　)的过程。

二、单项选择题

1. 下列投影属于正投影的是(　　)。

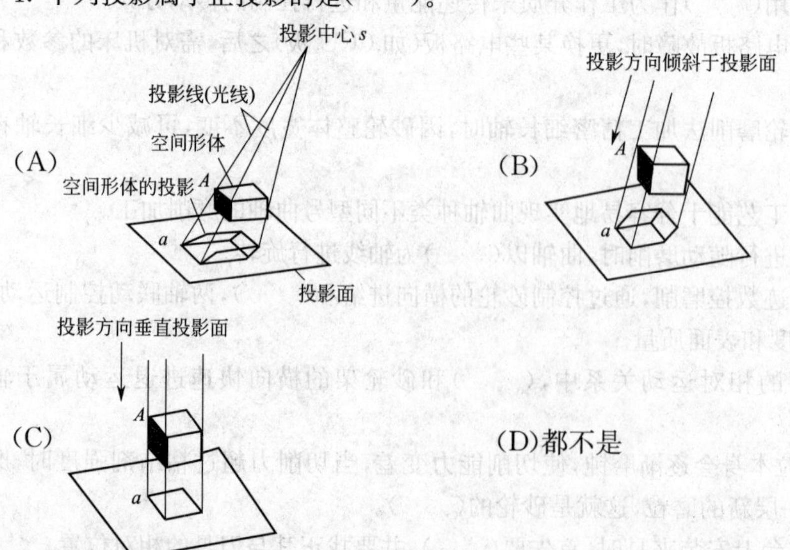

2. 下列说法正确的是(　　)。

(A)从物体的前面向后面投射所得的视图称为主视图(正视图)

(B)从物体的上面向下面投射所得的视图称为主视图(正视图)

(C)从物体的左面向右面投射所得的视图称为主视图(正视图)

(D)三视图就是主视图(正视图)、斜视图、左视图(侧视图)的总称

3. 下列视图为图1中 A 面的局部视图且表达正确的是(　　)。

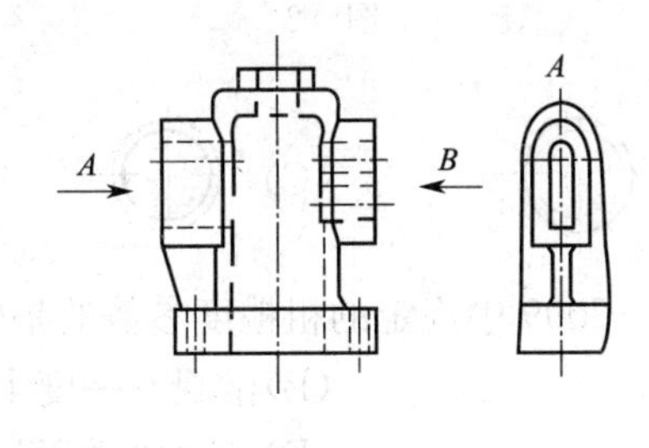

图 1

(A) 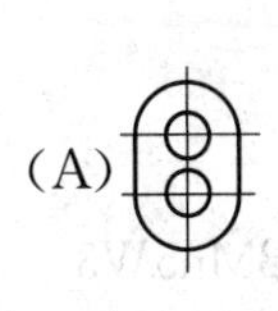　　(B)(C) 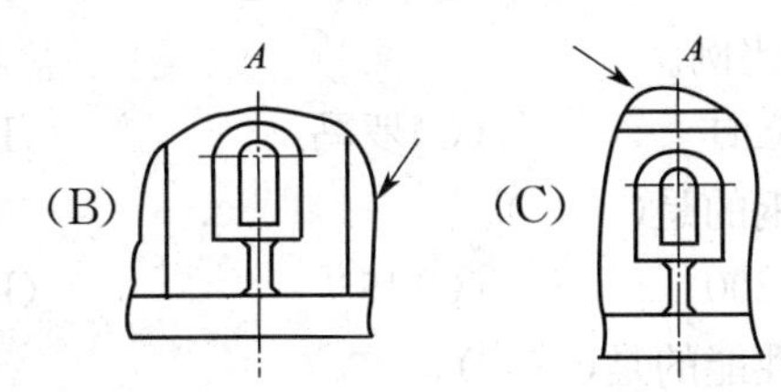

　　(D)没有正确的

4. 下列说法错误的是(　　)。

(A)相互垂直的两直线之一为某个投影面的平行线时两个直线在该投影面上的投影必定垂直

(B)圆球的三个投影为大小相等的圆,它们是圆球表示某一个圆的三个投影

(C)回转体是由回转面与平面或回转面所围成的

(D)圆锥的三面投影都没有积聚性

5. 下列有关装配图说法正确的是(　　)。

(A)两个零件即使表面接触或表面配合也需要用两条轮廓线来表示

(B)装配图和零件剖切面都要画剖面线

(C)为了表达被遮挡的装配关系,可假想拆去一个或几个零件,只画出所表达的部分视图

(D)即使不影响理解,装配图的螺母、螺栓也不可以简化

6. 下列不属于国家标准配合方式的是(　　)。

(A)间隙配合　　(B)过盈配合　　(C)过渡配合　　(D)极限配合

7. 下列说法错误的是(　　)。

(A)局部视图是从完整的视图中分离出来,其断裂边界用波浪线绘制

(B)当局部视图外轮廓成封闭时,不必画出断裂线

(C)几何体向不平行于任何基本投影面的辅助投影面投射所得的视图称为斜视图

(D)斜视图必须完整的表达出零件的所有真实尺寸

8. 尺寸偏差是(　　)。

(A)算数值　　(B)绝对值　　(C)代数值　　(D)相对值

9. 图2中,螺纹正确的是(　　)。

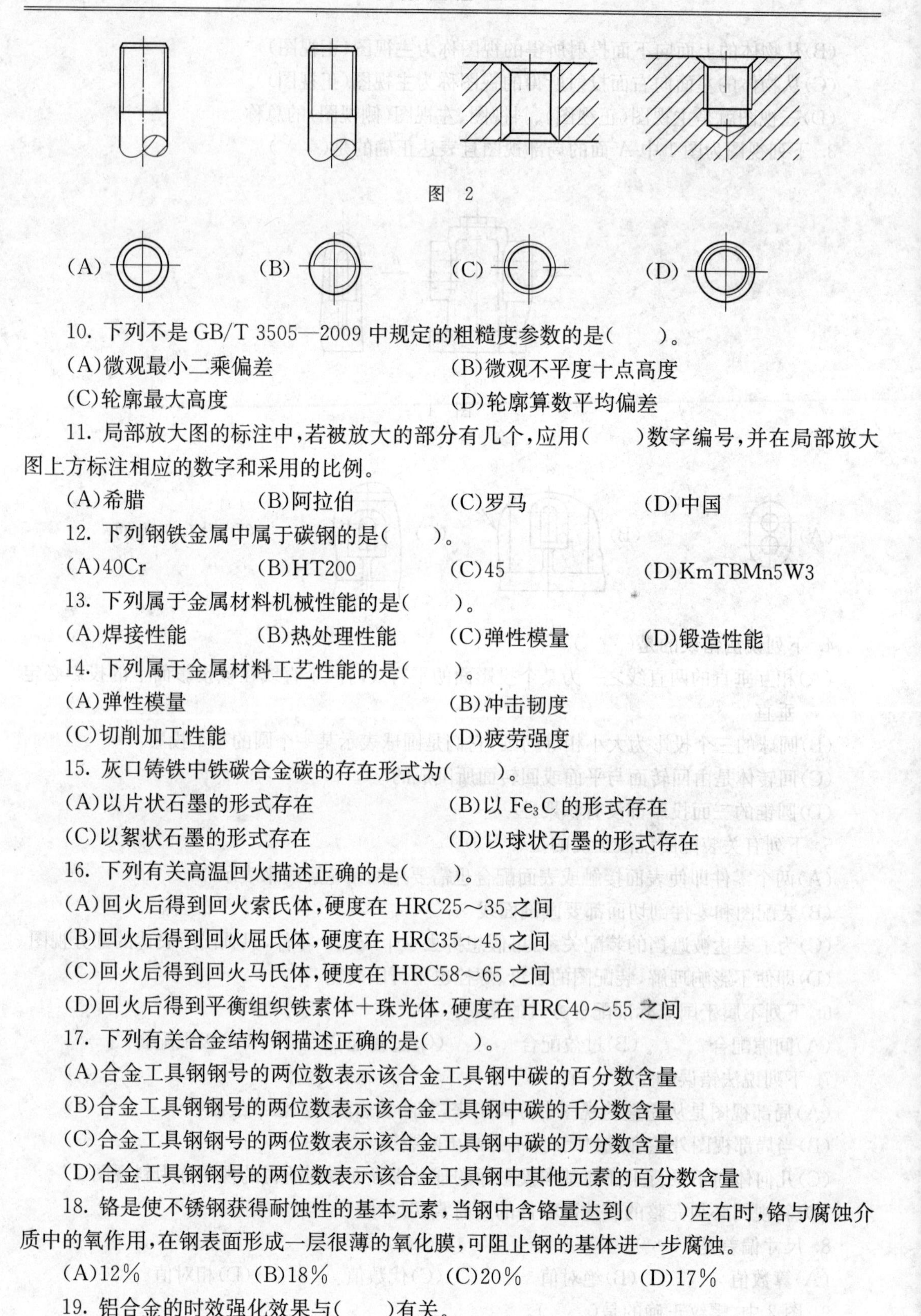

图 2

(A) (B) (C) (D)

10. 下列不是 GB/T 3505—2009 中规定的粗糙度参数的是(　　)。

(A)微观最小二乘偏差　　(B)微观不平度十点高度

(C)轮廓最大高度　　(D)轮廓算数平均偏差

11. 局部放大图的标注中,若被放大的部分有几个,应用(　　)数字编号,并在局部放大图上方标注相应的数字和采用的比例。

(A)希腊　　(B)阿拉伯　　(C)罗马　　(D)中国

12. 下列钢铁金属中属于碳钢的是(　　)。

(A)40Cr　　(B)HT200　　(C)45　　(D)KmTBMn5W3

13. 下列属于金属材料机械性能的是(　　)。

(A)焊接性能　　(B)热处理性能　　(C)弹性模量　　(D)锻造性能

14. 下列属于金属材料工艺性能的是(　　)。

(A)弹性模量　　(B)冲击韧度

(C)切削加工性能　　(D)疲劳强度

15. 灰口铸铁中铁碳合金碳的存在形式为(　　)。

(A)以片状石墨的形式存在　　(B)以 Fe_3C 的形式存在

(C)以絮状石墨的形式存在　　(D)以球状石墨的形式存在

16. 下列有关高温回火描述正确的是(　　)。

(A)回火后得到回火索氏体,硬度在 HRC25～35 之间

(B)回火后得到回火屈氏体,硬度在 HRC35～45 之间

(C)回火后得到回火马氏体,硬度在 HRC58～65 之间

(D)回火后得到平衡组织铁素体＋珠光体,硬度在 HRC40～55 之间

17. 下列有关合金结构钢描述正确的是(　　)。

(A)合金工具钢钢号的两位数表示该合金工具钢中碳的百分数含量

(B)合金工具钢钢号的两位数表示该合金工具钢中碳的千分数含量

(C)合金工具钢钢号的两位数表示该合金工具钢中碳的万分数含量

(D)合金工具钢钢号的两位数表示该合金工具钢中其他元素的百分数含量

18. 铬是使不锈钢获得耐蚀性的基本元素,当钢中含铬量达到(　　)左右时,铬与腐蚀介质中的氧作用,在钢表面形成一层很薄的氧化膜,可阻止钢的基体进一步腐蚀。

(A)12%　　(B)18%　　(C)20%　　(D)17%

19. 铝合金的时效强化效果与(　　)有关。

(A)强化温度　　(B)强化能耗

(C)强化温度和保温时间　　(D)保温时间

20. 铜只有通过冷加工并经随后加热才能使晶粒细化,而铁则不需冷加工,只需加热到一定温度即可使晶粒细化,其原因是(　　)。

(A)铁总是存在加工硬化,而铜没有　　(B)铜有加工硬化现象,而铁没有

(C)铁在固态下有同素异构转变,而铜没有　　(D)铁和铜的再结晶温度不同

21. α-Fe 是具有(　　)晶格的铁。

(A)体心立方　　(B)面心立方　　(C)密排六方　　(D)无规则几何形状

22. 下列关于低合金钢的说法不正确的是(　　)。

(A)加入少量的稀有元素主要是为了脱硫、除去气体

(B)合金中加入 Mn 和 Si 主要是为了强化铁素体

(C)合金中的 Cu 和 P 可以提高钢的耐腐蚀性

(D)合金中加入 V、Ti、Nb 的作用是为了减轻合金质量

23. 下列不属于工具钢的是(　　)。

(A)碳素工具钢　　(B)合金刃具钢　　(C)量具钢　　(D)不锈钢

24. 下列不属于特殊性能钢的是(　　)。

(A)不锈钢　　(B)耐热钢　　(C)量具钢　　(D)耐磨钢

25. 下列属于热喷涂技术的是(　　)。

(A)感应加热表面淬火　　(B)激光加热表面淬火

(C)粉末火焰喷涂　　(D)电弧切割

26. 下列有关橡胶的说法不正确的是(　　)。

(A)橡胶是以高分子化合物为基础的具有显著高弹性的材料

(B)橡胶具有良好的耐磨性、绝缘性、隔音性和阻尼性

(C)合成橡胶是通过人工合成制得的

(D)橡胶的伸缩性和积储能量的能力较差

27. 下列有关链传动说法错误的是(　　)。

(A)平均链速和平均传动比是常数

(B)链传动的瞬时传动比和链速为常数

(C)链速的变化呈周期性

(D)链轮转过一个链节,对应链速度变化的一个周期

28. 要达到 IT5～IT6 精度,应该使用的加工方式是(　　)。

(A)磨削加工　　(B)铣削加工　　(C)刨削加工　　(D)车削加工

29. 下列属于形状精度的是(　　)。

(A)尺寸公差　　(B)平行度　　(C)平面度　　(D)垂直度

30. 按照经典零件的加工过程,下列不属于加工阶段过程的是(　　)。

(A)粗加工阶段　　(B)半精加工阶段

(C)精加工阶段　　(D)热处理强化阶段

31. 下列有关液体压力说法错误的是(　　)。

(A)大部分液体压力使用油是因为油几乎是不可压缩的

(B)油也可以在液压系统中起润滑作用
(C)施压在密闭液体上的压力丝毫不减地向各个方向传递
(D)液压杠杆不能说明帕斯卡定律的内容

32. 下列磨料中,属于天然磨料的是(　　)。
(A)立方氮化硼　(B)石英　(C)氧化铬　(D)玻璃粉

33. 下列关于各种砂轮说法不正确的是(　　)。
(A)棕刚玉砂轮:棕刚玉的硬度高,韧性大,适宜磨削抗拉强度较高的金属,如碳钢、合金钢、可锻铸铁、硬青铜等,这种磨料的磨削性能好,适应性广,常用于切除较大余量的粗磨,价格便宜,可以广泛使用
(B)白刚玉砂轮:白刚玉的硬度略高于棕刚玉,韧性则比棕刚玉低,在磨削时,磨粒容易碎裂,因此磨削热量小,适宜制造精磨淬火钢、高碳钢、高速钢以及磨削薄壁零件用的砂轮,成本比棕刚玉高
(C)黑碳化硅砂轮:黑碳化硅性脆而锋利,硬度比白刚玉高,适于磨削机械强度较低的材料,如铸铁、黄铜、铝和耐火材料等
(D)微晶刚玉砂轮:适于磨削奥氏体不锈钢、钛合金、耐热合金,特别适于重负荷磨削

34. 下列不属于砂轮磨料的是(　　)。
(A)刚玉　(B)聚乙烯　(C)硬质碳化物　(D)玻璃粉

35. 下列说法错误的是(　　)。
(A)进给运动指由机床或人力提供的主要运动,它促使刀具和工件之间产生相对运动
(B)切削运动中主运动速度最高,消耗功率最大
(C)主运动只有一个,而进给运动可能有多个
(D)工件上由切削刃形成的那部分表面叫作过渡表面

36. 下列不属于切削用量要素的是(　　)。
(A)切削速度　(B)进给量　(C)背吃刀量　(D)切削宽度

37. 下列说法错误的是(　　)。
(A)游标量具使用主尺部分来估读小数部分
(B)根据游标零线所处的位置读出主尺在游标零线前的整数部分的读数值
(C)判断游标上第几根线与主尺上的刻线对齐,然后乘以该游标量具的分度值即可得到小数部分的读数
(D)最后将整数部分的读数值与小数部分的读数值相加即为测量结果

38. 下列说法错误的是(　　)。
(A)测量前,将卡尺的测量面用软布擦拭干净后使两量爪的测量面合拢,检查游标在尺身上滑动是否灵活自如,并进行漏光检查和示值误差检查
(B)测量时量爪位置要摆正,不能歪斜,并保持合适的测量力
(C)读数时先注意尺框上的分度值标记,以免读错小数值产生误差,并且视线应与尺身表面垂直,避免产生视觉误差
(D)用游标卡尺可以测量工件的垂直度

39. 下列说法错误的是(　　)。
(A)测微螺杆的轴线应垂直零件被测表面,转动微分筒接近工件被测工作表面时,再转动

测力装置上的棘轮使测微螺杆的测量面接触工件表面,避免损坏螺纹传动副

(B)可以使用螺旋测微器测量较为精密的毛坯工件

(C)读数时,最好不要从工件上取下千分尺,如有必要取下读数时应先锁紧测微螺杆,防止尺寸变动产生测量误差;读数时看清整数部分和0.5 mm的刻线

(D)不能测量毛坯和转动的工件

40. 下列关于百分表说法错误的是(　　)。

(A)测量时测量杆应垂直零件被测平面,测量圆柱面的直径时测量杆的中心线要通过被测圆柱面的轴线

(B)测量头开始与被测表面接触时,测量杆应下压0.5 mm左右,以保持一定的初始测量力

(C)百分表的测量杆移动1 mm,通过齿轮传动系统使大指针回转半周

(D)移动工件时应提起测量头避免损坏量仪

41. 下列关于夹具的六点定位原理说法错误的是(　　)。

(A)工件在空间具有六个自由度,即沿x、y、z三个直角坐标轴方向的移动自由度和绕这三个坐标轴的转动自由度

(B)要完全确定工件的位置就必须消除这六个自由度,通常用六个支承点(即定位元件)来限制工件的六个自由度

(C)工件的六个自由度全部被夹具中的定位元件所限制,而在夹具中占有完全确定的惟一位置,称为完全定位

(D)在零件加工中,部分加工零件可以采用欠定位的定位方式

42. 下列不属于数控机床刀具特点的是(　　)。

(A)精度高　　(B)可靠性高　　(C)换刀迅速　　(D)通用性强

43. 下列不属于数控机床涉及的基础技术的是(　　)。

(A)原子晶体振颤技术　　(B)精密机械技术

(C)计算机及信息处理技术　　(D)精密检测和传感技术

44. 下列不属于数控机床加工特点的是(　　)。

(A)加工精度高、质量稳定　　(B)加工生产效益高

(C)同批零件加工尺寸一致性差　　(D)有利于生产管理

45. 下列关于M98解释正确的是(　　)。

(A)冷却液开　　(B)程序结束　　(C)换刀指令　　(D)调用子程序

46. 机床坐标系遵从右手法则,在右手法则中,食指的方向为(　　)。

(A)X方向　　(B)Y方向　　(C)Z方向　　(D)B方向

47. 数控机床按机床工艺分类,加工中心属于(　　)。

(A)电控制系统　　(B)直线控制系统

(C)曲面控制系统　　(D)轮廓控制系统

48. 下列关于开环控制数控机床说法错误的是(　　)。

(A)开环控制系统是指带反馈装置的机构

(B)通常使用步进电机为伺服执行机构

(C)系统通过脉冲等形式控制丝杠运动

(D)移动部分的移动速度与位移量是由输入脉冲的频率和脉冲数所决定的

49. 下列不属于G准备功能规定范畴的是(　　)。

(A)刀具和工件的相对运动轨迹　　(B)机床坐标系

(C)刀具补偿　　(D)主轴旋转方向

50. 下列关于数控机床说法不正确的是(　　)。

(A)按加工工艺可以将数控机床分为金属切削类、金属成型类、特种加工类、绘图测量类

(B)数控机床主要有控制介质、数控装置、伺服机构和机床四个基础部分

(C)按伺服控制方式分类可分为手动控制和自动控制

(D)按控制系统功能分类可分为点位控制数控机床、点位直线控制数控机床、轮廓控制数控机床

51. 下列关于数控车床运行、故障诊断与维修说法错误的是(　　)。

(A)突然断电或紧急停车易引起刀位参数的更改

(B)应在数控车床断电的情况下对数控车床的电池进行更换

(C)数控车床润滑泵过滤器应定期清洗

(D)为了减少车床发热应有合适的排屑装置

52. 下列属于划线工具中的基准工具的是(　　)。

(A)方箱　　(B)样冲　　(C)千斤顶　　(D)游标卡尺

53. 下列关于锉销加工说法不正确的是(　　)。

(A)半精加工时，在细锉上涂上粉笔灰让其容屑空间减少，这样可以使锉刀既保持锋利，又避免容屑槽中的积屑过多而划伤工件表面

(B)在锉削操作中，向前推时用力，往后时轻抬拉回，避免锉刀刀刃后角磨损和划伤已加工面，提高锉刀寿命

(C)锉削时切忌用油石和砂布

(D)为了避免人为误差，加工余量可以大于0.5 mm

54. 关于铰孔加工，下列说法不正确的是(　　)。

(A)铰孔前，孔的表面粗糙度R_a的值要小于3.2 μm

(B)铰孔不能修正孔的直线度误差，一般铰孔前都需车孔

(C)铰孔前一般先车孔或扩孔，并留出铰孔余量，余量的大小不影响铰孔质量

(D)铰孔前，必须调整尾座套筒的轴线使之与主轴轴线重合，同轴度最好在0.02 mm以内

55. 下列关于传动螺纹说法错误的是(　　)。

(A)梯形螺纹：牙型角为30°，牙型为等腰梯形，螺纹代号为Tr，是传动螺纹的主要形式，广泛应用于传递动力或运动的螺旋机构中如机床丝杠等

(B)矩形螺纹：主要用于力传递，其特点是传动效率较其他螺纹较高，但强度较大，因此应用受到一定限制

(C)锯齿形螺纹：牙型为锯齿形，螺纹代号为B，只用于承受单向动力，由于其传动效率及强度比梯形螺纹高，常用于螺旋压力机及水压机等单向受力机构

(D)模数螺纹：牙型角为55°，常用于水、气、油管等防泄漏要求场合

56. 下列关于螺纹磨削说法不正确的是(　　)。

(A)螺纹磨削主要用于在螺纹磨床上加工淬硬工件的精密螺纹

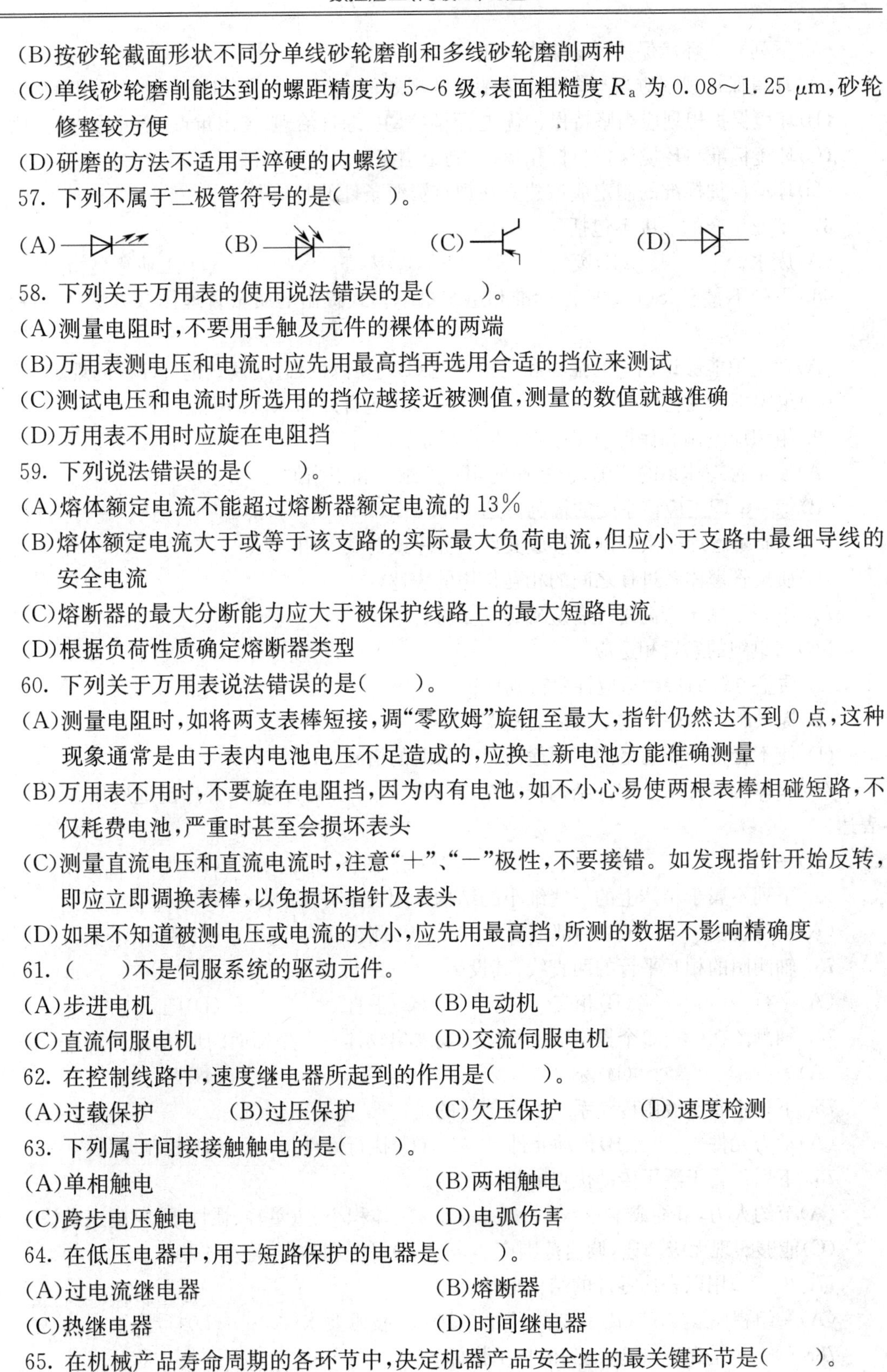

(B)按砂轮截面形状不同分单线砂轮磨削和多线砂轮磨削两种

(C)单线砂轮磨削能达到的螺距精度为 5～6 级，表面粗糙度 R_a 为 0.08～1.25 μm，砂轮修整较方便

(D)研磨的方法不适用于淬硬的内螺纹

57. 下列不属于二极管符号的是(　　)。

(A)　　(B)　　(C)　　(D)

58. 下列关于万用表的使用说法错误的是(　　)。

(A)测量电阻时，不要用手触及元件的裸体的两端

(B)万用表测电压和电流时应先用最高挡再选用合适的挡位来测试

(C)测试电压和电流时所选用的挡位越接近被测值，测量的数值就越准确

(D)万用表不用时应旋在电阻挡

59. 下列说法错误的是(　　)。

(A)熔体额定电流不能超过熔断器额定电流的 13%

(B)熔体额定电流大于或等于该支路的实际最大负荷电流，但应小于支路中最细导线的安全电流

(C)熔断器的最大分断能力应大于被保护线路上的最大短路电流

(D)根据负荷性质确定熔断器类型

60. 下列关于万用表说法错误的是(　　)。

(A)测量电阻时，如将两支表棒短接，调"零欧姆"旋钮至最大，指针仍然达不到 0 点，这种现象通常是由于表内电池电压不足造成的，应换上新电池方能准确测量

(B)万用表不用时，不要旋在电阻挡，因为内有电池，如不小心易使两根表棒相碰短路，不仅耗费电池，严重时甚至会损坏表头

(C)测量直流电压和直流电流时，注意"＋"、"－"极性，不要接错。如发现指针开始反转，即应立即调换表棒，以免损坏指针及表头

(D)如果不知道被测电压或电流的大小，应先用最高挡，所测的数据不影响精确度

61. (　　)不是伺服系统的驱动元件。

(A)步进电机　　(B)电动机

(C)直流伺服电机　　(D)交流伺服电机

62. 在控制线路中，速度继电器所起到的作用是(　　)。

(A)过载保护　　(B)过压保护　　(C)欠压保护　　(D)速度检测

63. 下列属于间接接触触电的是(　　)。

(A)单相触电　　(B)两相触电

(C)跨步电压触电　　(D)电弧伤害

64. 在低压电器中，用于短路保护的电器是(　　)。

(A)过电流继电器　　(B)熔断器

(C)热继电器　　(D)时间继电器

65. 在机械产品寿命周期的各环节中，决定机器产品安全性的最关键环节是(　　)。

(A)设计　　(B)制造　　(C)使用　　(D)维修

66. 下列有关环境保护说法错误的是(　　)。

(A)环境保护规划应当与全国主体功能区规划、土地利用规划和城乡规划等相衔接

(B)环境保护规划应当坚持保护优先、预防为主、综合治理、突出重点、全面推进的原则

(C)环境标准与环境保护目标相衔接,制定国家环境质量标准

(D)环境保护标准的制定应该建立在现有资源条件的基础上

67. 工业生产的三废不包括(　　)。

(A)废水　　(B)废气　　(C)废渣　　(D)工业恶臭物

68. 下列不属于ISO 9000族标准和组织卓越模式提出的质量管理体系方法共同原则的是(　　)。

(A)使组织能够识别它的强项和弱项　　(B)包含对照通用模式进行评价的规定

(C)组织不断变化的需求　　(D)包含外部承认的规定

69. 组织应编制和保持质量手册,质量手册不包括(　　)。

(A)质量管理体系的范围,包括任何删减的细节和正当的理由

(B)每一个职工应该享受的福利待遇

(C)为质量管理体系编制的形成文件的程序或对其引用

(D)质量管理体系过程之间的相互作用的表述

70. 下列不属于最高管理者应确保质量方针的是(　　)。

(A)与组织的宗旨相适应

(B)质量方针的持续适应性要得到评审

(C)提供制定和评审质量目标的框架

(D)使不合格产品满足预期用途而对其采取的措施

71. 箱体类零件由于零件结构较复杂,常需(　　)以上的图形,并广泛地应用各种方法来表达。

(A)一个　　(B)两个　　(C)三个　　(D)四个

72. 下列不属于箱体上的一些细小的结构常用表示方法的是(　　)。

(A)局部视图　　(B)局部剖视　　(C)侧视图　　(D)断面图

73. 轴测图的相互平行的两直线,其投影(　　)。

(A)平行　　(B)相交　　(C)垂直　　(D)随意

74. 轴测图在(　　)个投影面上能同时反映出物体三个坐标面的形状。

(A)一　　(B)两　　(C)三　　(D)四

75. 下列不属于液压传动系统组成部分的是(　　)。

(A)动力元件　　(B)传动元件　　(C)执行元件　　(D)控制元件

76. 下列不属于液压传动优点的是(　　)。

(A)节约人力,节约成本　　(B)体积小、重量轻、惯性小、响应速度快

(C)能够实现无级调速,调速范围广　　(D)可缓和冲击,运动平稳

77. (　　)用以表达零件的结构形状。

(A)一组视图　　(B)完整的尺寸　　(C)技术要求　　(D)标题栏

78. (　　)是加工、检验达到的技术指标。

(A)一组视图　　(B)完整的尺寸　　(C)技术要求　　(D)标题栏

79. (　　)是刀具上切屑流过的表面。

(A)前刀面　(B)主后刀面　(C)副后刀面　(D)刀尖

80. (　　)是刀具上与工件已加工表面相对的表面。

(A)前刀面　(B)主后刀面　(C)副后刀面　(D)刀尖

81. 工艺成本约占生产成本的(　　)。

(A)60%～65%　(B)70%～75%　(C)75%～80%　(D)80%～85%

82. 在正常的加工条件下所能保证的一定范围的加工精度称为(　　)。

(A)经济精度　(B)一般精度　(C)工件精度　(D)加工精度

83. 磨削速度在 150 m/s 以上的磨削称为(　　)。

(A)超高速磨削　(B)高速磨削　(C)普通磨削　(D)中速磨削

84. 宽砂轮磨削时,工件速度比普通磨削(　　)。

(A)高　(B)低　(C)不变　(D)没有可比性

85. 成型磨削的特点是(　　)。

(A)砂轮磨损较快,尺寸不稳定　(B)砂轮磨损较均匀,尺寸稳定

(C)砂轮磨损较慢,尺寸不稳定　(D)砂轮磨损较慢,尺寸稳定

86. 砂带上的磨粒比砂轮磨粒具有更强的切削能力,所以其磨削效率(　　)。

(A)非常高　(B)一般　(C)较低　(D)跟效率无关

87. 零件加工时,一般不是依次加工完各个表面,而是将各表面的粗、精加工分开进行,通常将整个工艺过程划分为(　　)加工阶段。

(A)2 个　(B)3 个　(C)4 个　(D)5 个

88. (　　)的作用是使零件主要表面的加工达到图样要求,此阶段切去的余量很少。

(A)粗加工阶段　(B)半精加工阶段

(C)精加工阶段　(D)光整加工阶段

89. 下列不属于机床夹具按使用机床分类的是(　　)。

(A)车床夹具　(B)手动夹具　(C)铣床夹具　(D)钻床夹具

90. 斜楔夹紧机构具有的特点不包括(　　)。

(A)自锁性　(B)保持作用力方向

(C)增力　(D)夹紧行程小

91. 夹紧力作用点应落在(　　)支撑范围内。

(A)定位元件　(B)夹紧元件　(C)夹具体　(D)以上都包括

92. 工件装夹时,装夹过程不包括(　　)。

(A)预夹紧　(B)找正、敲击　(C)定位　(D)完全夹紧

93. 下列不属于工件位置校正方法的是(　　)。

(A)拉表法　(B)划线法　(C)测量法　(D)固定基面靠定法

94. 下列不属于工件装夹方式的是(　　)。

(A)双侧加紧　(B)悬臂支撑方式

(C)磁性夹具　(D)分度夹

95. 下列不属于磨具组织粗分类的是(　　)。

(A)紧密　(B)中等　(C)次等　(D)疏松

96. 下列不属于磨具三大用途的是（　　）。

(A)抛光　(B)打磨　(C)研磨　(D)切割

97. 螺旋测微器又名（　　）。

(A)螺旋尺　(B)千分尺　(C)旋转尺　(D)万分尺

98. 容差值越小，计算节点数（　　）。

(A)越小　(B)越少　(C)越大　(D)越多

99. 若轮廓曲线的曲率变化不大，可采用（　　）计算插补节点。

(A)等误差法　(B)等步长法

(C)圆弧逼近插补法　(D)直线逼近插补法

100. G00 的指令移动速度值由（　　）。

(A)机床参数指定　(B)数控程序指定

(C)操作面板指定　(D)机床厂家指定

101. 在极坐标系中，可使相邻节点间的转角坐标增量或径向坐标增量（　　）。

(A)不相等　(B)相等　(C)较大　(D)较小

102. 设 G01 X30 Z6 执行 G91 G01 Z15 后，正方向实际移动量为（　　）

(A)9 mm　(B)21 mm　(C)15 mm　(D)18 mm

103. 刀具功能字的地址符是（　　），用于指定加工时所用刀具的编号。

(A)T　(B)S　(C)G　(D)F

104. 用户宏程序不适合（　　）没有插补指令的编程。

(A)抛物线　(B)椭圆　(C)双曲线　(D)直线

105. 下列对用户宏程序逻辑运算符错误的是（　　）。

(A)AND　(B)OR　(C)YES　(D)NOT

106. 下列对磨床日常保养事项描述错误的是（　　）。

(A)作业完成后，清扫机床各部位铁屑　(B)对于滑动部位，应擦拭干净后上油

(C)对工、夹、量具进行清洁　(D)每天都要清洗油箱、油道，更换润滑油

107. 现代机床导轨、丝杆等滑动副的润滑基本上都是采用（　　）。

(A)集中润滑系统　(B)分散润滑系统

(C)综合润滑系统　(D)辅助润滑系统

108. （　　）是用气体作为工作介质来传递能量和进行控制的传动方式。

(A)能量传动　(B)液压传动　(C)气压传动　(D)电气传动

109. 液压回路主要由能源部分、控制部分和（　　）部分构成。

(A)换向　(B)执行机构　(C)调压　(D)管路

110. 数控机床工作时，当发生任何异常现象需要紧急处理时应启动（　　）。

(A)程序　(B)暂停功能　(C)紧停功能　(D)手闸急停功能

111. 禁止在工作台面与油漆表面放置（　　）。

(A)塑料物品　(B)金属物品　(C)圆形物品　(D)方形物品

112. 一般切削宽度与刀具的直径及切削深度的关系，正确的是（　　）。

(A)与刀具直径成正比，与切削深度成正比

(B)与刀具直径成正比，与切削深度成反比

(C)与刀具直径成反比,与切削深度成正比

(D)与刀具直径成反比,与切削深度成反比

113. 我国对一般用途的齿轮传动规定的标准压力角 α 为(　　)。

(A)10°　　(B)15°　　(C)20°　　(D)25°

114. 由于细长轴零件自身刚度较差,磨削过程中容易产生受迫振动和自激振动,使表面产生直波振纹和多角振纹并出现(　　)误差。

(A)径向跳动　　(B)轴向跳动　　(C)全跳动　　(D)端面跳动

115. 对于有着较高轴肩的载重汽车的大型曲轴,在磨削时需要较大的切入行程,而采用(　　)砂轮可以显著减少工艺循环时间,大大提高了生产效率。

(A)棕刚玉　　(B)白刚玉　　(C)CBN　　(D)树脂

116. (　　)的特点是磨削力小、散热条件好、运用广泛。

(A)横磨法　　(B)纵磨法　　(C)深磨法　　(D)无心外圆磨削法

117. 砂轮的特性不包括(　　)。

(A)磨料、粒度　　(B)经济适用性　　(C)硬度、结合剂　　(D)形状和尺寸

118. 下列不属于箱体类零件的是(　　)。

(A)减速器箱体　　(B)阀体　　(C)泵体　　(D)轴体

119. 深孔磨削加工在机床工作台上安装夹具时,首先要擦净其(　　),并要找正其与磨具的相对位置。

(A)夹紧面　　(B)垫铁　　(C)垫块　　(D)定位基面

120. (　　)是高速切削能呈分散状态,降低零件表面粗糙度,还能提高零件的尺寸精度和几何精度。

(A)钻削加工　　(B)铣削加工　　(C)车削加工　　(D)磨削加工

121. 砂轮是由磨料和结合剂经(　　)而成的。

(A)干燥、焙烧、压坯、修整　　(B)焙烧、干燥、压坯、修整

(C)压坯、干燥、焙烧、修整　　(D)压坯、焙烧、干燥、修整

122. 磨削加工中,如果纵向往复速度大,则工件表面租糙度值(　　)。

(A)增加　　(B)减少　　(C)越大　　(D)越小

123. 下列不属于高效磨削的是(　　)。

(A)高速磨削　　(B)超高速磨削　　(C)缓进给磨削　　(D)普通磨削

124. (　　)是采用砂轮端面对工件平面进行磨削。

(A)周磨　　(B)端磨　　(C)无心磨　　(D)外圆磨

125. 磨料在砂轮总体积中所占的比例(　　)。

(A)越大,砂轮的组织越紧密、气孔越大　　(B)越大,砂轮的组织越紧密、气孔越小

(C)越大,砂轮的组织越疏松、气孔越小　　(D)越大,砂轮的组织越疏松、气孔越大

126. 下列不属于目前国内外高效磨削方法的是(　　)。

(A)高速磨削　　(B)强力磨削　　(C)砂带磨削　　(D)砂轮磨削

127. 齿轮磨削加工时冷却液宜选用(　　),使用前必须经过严格的清洁过滤。

(A)浓度稍高的乳化液　　(B)浓度稍低的乳化液

(C)浓度稍高的皂化液　　(D)浓度稍低的皂化液

128. 考虑砂轮磨削齿轮工作表面类型，分类不正确的是(　　)。

(A)周边磨削　(B)端面磨削　(C)平面磨削　(D)周边—端面磨削

129. 齿轮磨削常用的磨料不包括(　　)。

(A)氧化铝　(B)氧化硅　(C)碳化硅　(D)超硬类

130. 下列测量属于间接测量的是(　　)。

(A)用千分尺测外径　(B)用光学比较仪测外径

(C)用内径百分表测内径　(D)用游标卡尺测量两孔中心距

131. 为了减少测量误差，在测量过程中应尽量遵守(　　)。

(A)独立原则　(B)相关原则　(C)阿贝原则　(D)泰勒原则

132. 在平面度误差值的各种评定方法中，(　　)所得的评定结果是最小的。

(A)三远点法　(B)最小包容区域法

(C)对角线法　(D)最小二乘法

133. 若某轴一横截面实际轮廓由直径分别为 $\phi30.06$ mm 和 $\phi30.03$ mm 的两个同心圆包容而形成最小包容区域，则该轮廓的圆度误差值为(　　)。

(A)0.06 mm　(B)0.015 mm　(C)0.03 mm　(D)0.045 mm

134. 由于机床(　　)的误差，使得检测装置在检测过程中出现误差，从而造成测量值失真。

(A)数控系统　(B)零件和机构　(C)控制部分　(D)工艺系统

135. 半闭环系统的(　　)未包含进给传动链的误差。

(A)工作台移动　(B)位置检测　(C)进给部分　(D)测量值

136. 数控机床的进给误差是指(　　)中各环节的累积误差。

(A)数控机床进给传动链

(B)数控机床工艺系统

(C)数控机床定位基准与设计基准不重合

(D)数控机床刀具系统

137. 自动换刀误差是(　　)的，取决于换刀装置的结构特点、换刀原理、刀具装配质量和位置控制精度等。

(A)可控　(B)随机　(C)确定　(D)包容性

138. 将超声波(机械振动波)转换成电信号是利用压电材料的(　　)。

(A)应变效应　(B)电涡流效应　(C)压电效应　(D)逆压电效应

139. 磨削时切削液(　　)也是磨削表面产生波纹的原因之一。

(A)不充分　(B)温度太低　(C)压力太高　(D)太脏

140. 磨锥孔时，孔的大端尺寸大的原因是(　　)。

(A)工件轴与砂轮轴的内角过小　(B)工件轴与砂轮轴不在 X 平面内

(C)工件轴与砂轮轴的内角过大　(D)工件轴与砂轮轴不在 Y 平面内

141. 切削用量越大则(　　)越大，砂轮就越易钝化。

(A)砂轮轴的稳定性　(B)工件轴的稳定性

(C)冷却难度　(D)磨削抗力

142. 工作台纵向移动速度和工件转速过高是工件表面(　　)的原因之一。

(A)产生烧伤　　(B)产生螺旋线

(C)表面粗糙度下降　　(D)直线度下降

143. 螺纹中径常用(　　)测量。

(A)千分卡尺　　(B)螺纹千分卡尺

(C)螺距规　　(D)螺纹量规

144. 宽砂轮磨削是一种高效磨削,其工件精度可达 h6,表面粗糙度可达(　　)。

(A)0.43 μm　　(B)0.53 μm　　(C)0.63 μm　　(D)0.73 μm

145. 磨床电机转子的不平衡、砂轮的不平衡等因素引起的振动属于(　　)。

(A)自由振动　　(B)自激振动　　(C)强迫振动　　(D)往复振动

146. 等间距直线逼近计算方法,在直角坐标系中,可使用相邻节点间的(　　)增量相等。

(A)X 或 Y 坐标　　(B)极角　　(C)径向坐标　　(D)极坐标

147. 具有人机对话功能,应用较广,价格适中,被称之为全功能数控机床的是(　　)。

(A)高档型数控机床　　(B)普及型数控机床

(C)经济型数控机床　　(D)智能型数控机床

148. 在粗加工过程中,由于切削用量大、产生的热量多,应选用(　　)的切削液,以降低切削温度。

(A)润滑性较好　　(B)润滑性和冷却性都较好

(C)以冷却作用为主　　(D)以润滑作用为主

149. 精加工过程中,切削液的主要作用是提高工件加工精度,降低表面粗糙度,故要选用(　　)的切削液。

(A)润滑性较好　　(B)润滑性和冷却性都较好

(C)以冷却作用为主　　(D)以润滑作用为主

150. 精密细长轴磨削时,将砂轮修整成(　　),这样可减少砂轮与工件的接触面积。

(A)半弧形　　(B)锥形　　(C)凸形　　(D)凹形

151. 在外圆磨床上磨削细长轴时,应使用中心架并调整好中心架及床头架、尾座的(　　)。

(A)平行度　　(B)基准线　　(C)同轴度　　(D)垂直度

152. 选用砂轮时,应注意硬度选得适当。工件材料硬度较低时及精磨时选用(　　)。

(A)硬砂轮　　(B)软砂轮　　(C)凹型砂轮　　(D)以上皆可

153. 内圆磨削圆周速度一般采用(　　)。

(A)10～20 m/s　　(B)15～25 m/s　　(C)20～30 m/s　　(D)25～35 m/s

154. (　　)磨削,砂轮与工件的接触面积小,磨削力小,磨削热小,冷却和排屑条件较好,而且砂轮磨损均匀。

(A)周磨　　(B)端磨　　(C)精磨　　(D)粗磨

155. 工件表面出现拉毛现象,可能是(　　)或砂轮表面有浮砂等原因所致。

(A)冷却液不充分　　(B)冷却液不干净

(C)进给量过大　　(D)砂轮钝化

156. 计量器具所显示或指示的最小值到最大值的范围称作(　　)。

(A)示值误差　　(B)修正值　　(C)分度值　　(D)示值范围

157. 被检验工件合格的标志是(　　)。

(A)通规能通过,止规能通过
(B)通规能通过,止规不能通过
(C)通规不能通过,止规能通过
(D)通规不能通过,止规不能通过

158. 精密丝杠的精度指标中,(　　)是最重要的一项指标。
(A)表面粗糙度精度误差
(B)中径精度误差
(C)牙型角精度误差
(D)螺距精度误差

159. 丝杠磨床工作时存在多种类型误差的综合作用,且各种因素作用所占比重随工作条件而变化,高速时(　　)占有最大的比重。
(A)几何误差
(B)热误差
(C)承载变形误差
(D)螺距精度误差

160. 磨齿前设计滚齿刀时,滚刀齿顶圆角 R 需要保证滚齿以后的齿根圆角达到(　　)。
(A)$0.1M_n$　(B)$0.2M_n$　(C)$0.3M_n$　(D)$0.4M_n$

161. 液压传动的基本原理是在密闭的容器内依靠液体的(　　)传递动力。
(A)密封容积的变化
(B)动能
(C)静压力
(D)流速

162. 在正交平面内,基面与前刀面之间的夹角叫作(　　)。
(A)前角　(B)背前角　(C)背后角　(D)主偏角

163. 磨削力来源于磨削过程中工件材料发生弹性和塑性变形时所产生的(　　)。
(A)摩擦力　(B)阻力　(C)静压力　(D)推动力

164. 磨削力来源于磨削过程中磨粒与工件表面之间的(　　)。
(A)摩擦力　(B)阻力　(C)静压力　(D)推动力

165. 用户宏程序中逻辑运算符 AND 表示(　　)。
(A)是　(B)与　(C)或　(D)非

166. 用户宏程序中逻辑运算符 NOT 表示(　　)。
(A)是　(B)与　(C)或　(D)非

167. 用户宏程序的条件运算符 NE、EQ 分别表示(　　)。
(A)NE(≠)、EQ(>)
(B)NE(≠)、EQ(=)
(C)NE(=)、EQ(≠)
(D)NE(=)、EQ(>)

168. 用户宏程序的条件运算符 GE、LE 分别表示(　　)。
(A)GE(≥)、LE(>)
(B)GE(≥)、LE(≤)
(C)GE(>)、LE(<)
(D)GE(>)、LE(≤)

169. 磨削淬硬钢丝杠时,一般以用(　　)磨料、陶瓷结合剂的砂轮为宜。
(A)白刚玉　(B)棕刚玉　(C)绿碳化硅　(D)人造金刚石

170. 丝杠磨削中心孔与顶尖的接触面积在粗磨时要求达到(　　)以上。
(A)80%　(B)75%　(C)70%　(D)65%

171. 丝杠磨削中常用砂轮的线速度通常为(　　)。
(A)20～25 m/s　(B)25～30 m/s　(C)30～35 m/s　(D)35～40 m/s

172. 磨削过程中补偿系统对机床传动链误差和(　　)同时加以补偿。
(A)中径精度误差
(B)热变形误差
(C)几何误差
(D)承载

173. 用万能游标量角器测量工件角度,此方法测量角度范围大,可测量外角的范围为(　　)。
(A)0°～180°　(B)0°～270°　(C)0°～320°　(D)0°～360°
174. 放大器是气动量仪的(　　)。
(A)数据显示设备　(B)压力调节装置
(C)空气流量调节装置　(D)数据采集设备
175. 当测量小公差时,气动量仪的测量分辨率可达到(　　)。
(A)0.02 μm　(B)0.03 μm　(C)0.05 μm　(D)0.06 μm
176. 用压板压紧工件时,压板支承点应(　　)被压工件表面。
(A)略低于　(B)略高于　(C)平行于　(D)垂直于
177. 所谓定位误差,是指由于工件定位造成的加工面相对工序基准的(　　)。
(A)位置误差　(B)精度误差　(C)几何误差　(D)变形误差
178. 直线型振纹常常是由(　　)引起的。
(A)砂轮不平衡　(B)砂轮圆周表面上硬度不均匀
(C)砂轮表面上不均匀的磨损　(D)修整时发生一些扰动
179. 以液体为工作介质传递能量和进行控制的传动方式称为(　　)。
(A)液压传动　(B)液体传动　(C)液力传动　(D)液能传动
180. 轴测图根据投射线方向和轴测投影面的位置不同可分为(　　)类。
(A)2　(B)3　(C)4　(D)5

三、多项选择题

1. 下列满足正投影条件的是(　　)。
(A)清晨阳光映射在工件上的影像
(B)平行光垂直映射在投影的工件表面得到投影
(C)投影线与投影面垂直
(D)平行光以45°映射在工件表面上得到投影
2. 图3的左视图,错误的是(　　)。

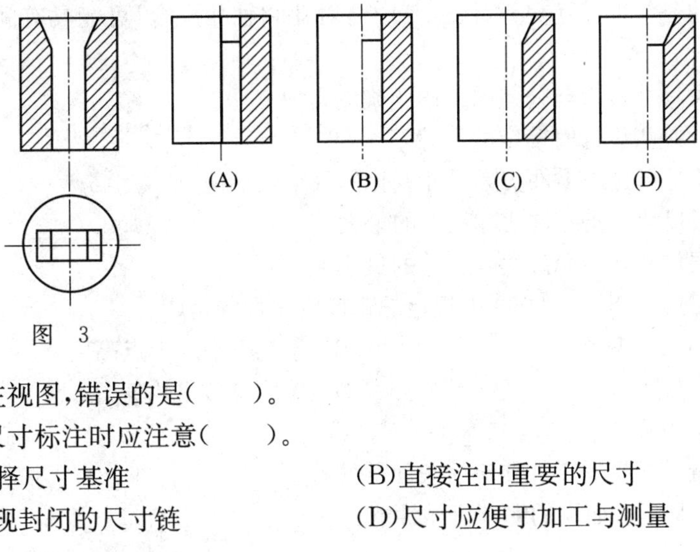

(A)　(B)　(C)　(D)

图　3

3. 图4的左视图,错误的是(　　)。
4. 零件图尺寸标注时应注意(　　)。
(A)正确选择尺寸基准　(B)直接注出重要的尺寸
(C)避免出现封闭的尺寸链　(D)尺寸应便于加工与测量

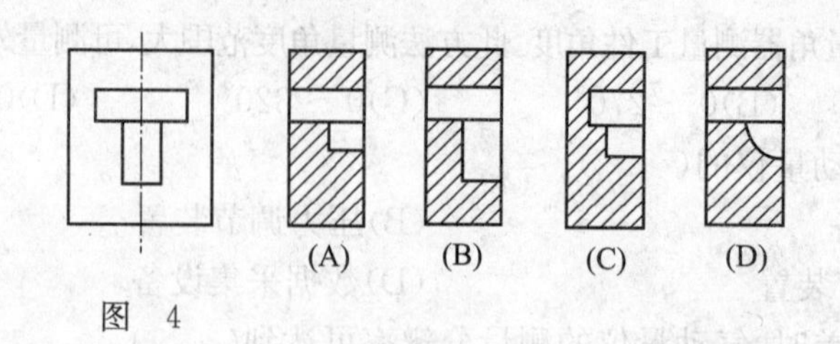

图 4

5. 下列属于装配视图中可用的表达方法的是(　　)。
(A)拆卸画法　　(B)拉格朗日投影法
(C)夸大画法　　(D)沿结合面剖切画法
6. 公差主要包括(　　)。
(A)尺寸公差　　(B)形状公差　　(C)位置公差　　(D)粗糙度公差
7. 用框格标注表示形位公差的设计要求,在相应方框中依次应该填写的内容是(　　)。
(A)形位公差特征符号　　(B)形位公差数值和有关符号
(C)基准符号和有关符号　　(D)基准公差值
8. 下列属于形位公差组成要素的是(　　)。
(A)带箭头的指引线
(B)公差框格
(C)形位公差的特征项目符号、公差数值和有关符号
(D)零件的轴线
9. 下列说法正确的是(　　)。
(A)基孔制是指基本偏差一定的孔的公差带与基本偏差不同的轴的公差带形成各种配合的一种制度
(B)基轴制是指基本偏差一定的轴的公差带与基本偏差不同的孔的公差带形成各种配合的一种制度
(C)孔的公差带完全位于轴的公差带之上,任取其中一对孔和轴相配都成为具有过盈的配合
(D)孔和轴的公差带相互交叠,任取其中一对孔和轴相配合,可能具有间隙,也可能具有过盈的配合
10. 下列有关尺寸极限与公差的术语正确的是(　　)。
(A)实际尺寸是指设计时确定的尺寸
(B)极限尺寸是指允许零件实际尺寸变化的两个极端值
(C)最大极限尺寸是指允许实际尺寸的最大值
(D)最小极限尺寸是指允许实际尺寸的最小值
11. 下列是 GB/T 3505—2009 中规定的粗糙度参数的是(　　)。
(A)微观最小二乘偏差　　(B)微观不平度十点高度
(C)轮廓最大高度　　(D)轮廓算数平均偏差
12. 下列说法正确的是(　　)。
(A)表面质量是指机器零件加工后表面层的状态
(B)表面质量是指表面层的物理机械性能

(C)零件表面波纹度的波高与波长的比值在 $40 \leqslant L/H \leqslant 1\,000$ 范围内

(D)表面粗糙度指表面微观几何形状误差

13. 下列钢铁金属中属于钢的是(　　)。

(A)HT200　　(B)W18Cr4V　　(C)QT450-10　　(D)45

14. 下列属于金属材料机械性能的是(　　)。

(A)物理性质　　(B)化学性质　　(C)力学性质　　(D)机械加工特性

15. 下列不属于金属材料工艺性能的是(　　)。

(A)铸造性能　　(B)疲劳强度　　(C)冲击韧度　　(D)切削加工性能

16. 下列金属材料中属于铸铁材料的是(　　)。

(A)40Cr　　(B)45　　(C)HT200　　(D)QT450-10

17. 下列对钢的调质处理说法正确的是(　　)。

(A)调质处理可使钢的性能得到大幅度调整,使其具有良好的机械性能

(B)调质后得到的是回火马氏体

(C)调质处理是指淬火后高温回火的处理方式

(D)调质后得到的是平衡组织铁素体+珠光体

18. 下列关于钢号为 36Mn2Si 的合金结构钢说法正确的是(　　)。

(A)含碳量为 0.36%　　(B) Mn 的含量大约为 2%

(C)硅的含量大约为 2%　　(D)该合金钢除了 Mn 和 Si 不含其他元素

19. 下列关于钢号为 00Cr18Ni10 的不锈钢说法正确的是(　　)。

(A)该型号不锈钢的含碳量为 0　　(B)该型号不锈钢的含碳量小于 0.08%

(C)该型号不锈钢的含 Cr 量为 18%　　(D)该型号不锈钢的含 Ni 量为 10%

20. 下列属性属于铝及铝合金性质的是(　　)。

(A)纯铝在空气中会形成一层致密的氧化膜,阻止铝继续被氧化

(B)工业纯铝含有 Fe 和 Si 等杂质,随着杂质质量分数的提高,铝的强度提高,塑性、导电性和耐腐蚀性降低

(C)固态铝无同素异构的转变,因此不能像钢一样借助于热处理相变强化

(D)铝合金淬火固溶处理后再进行时效处理,对铝合金的强度没有影响

21. 下列关于聚合反应说法正确的是(　　)。

(A)高聚物是由一种或者几种单质聚合而成的

(B)加聚反应是由一种或几种单体聚合反应而形成高聚物的反应

(C)缩聚反应在形成高分子化合物的同时还会形成其他低分子物质

(D)高聚物是由特定的结构单元多次重复连接而成的

22. 下列关于低合金钢说法正确的是(　　)。

(A)在低碳钢中加入 Mn 是为了强化组织中的珠光体

(B)在低碳钢中加入 V、Ti、Nb 不但可以提高强度,还会消除钢的过热倾向

(C)Q235 中加入 1%的 Mn 后得到 16Mn 钢,而其强度却增加近 50%

(D)在 16Mn 的基础上再多加 0.04%～0.12%的钒,材料强度将得到进一步的提升

23. 下列关于低合金钢说法正确的是(　　)。

(A)合金中加入 Mn 和 Si 的主要作用是强化珠光体

(B)合金中加入 V、Ti、Nb 的作用是为了减轻合金质量
(C)合金中的 Cu 和 P 可以提高钢的耐腐蚀性
(D)加入少量的稀有元素主要是为了脱硫、除去气体

24. 下列属于工具钢的是(　　)。
(A)碳素工具钢　(B)合金刃具钢　(C)模具钢　(D)量具钢

25. 下列属于特殊性能钢的是(　　)。
(A)不锈钢　(B)量具钢　(C)耐热钢　(D)弹簧钢

26. 下列关于热喷涂技术的应用说法正确的是(　　)。
(A)耐腐蚀涂层——喷涂 Al、Zn 及 Al-Zn 合金涂层，用于大型构件的腐蚀处理
(B)耐磨涂层——喷涂各种铁基、镍基和钴基耐磨合金涂层，用于提高零件表面耐磨性能
(C)耐高温喷涂——用于改善金属材料的抗高温氧化性能，如用等离子喷涂陶瓷涂层
(D)热喷涂过程是一个比较复杂的物理过程，涂层内基本不存在空隙

27. 下列材料属于橡胶材料的是(　　)。
(A)NR　(B)SBR　(C)POM　(D)PC

28. 下列属于链传动失效形式的是 (　　)。
(A)链条疲劳破坏　(B)链条铰链的磨损
(C)链条铰链的胶合　(D)链条静力破坏

29. 下列属于车削加工特点的是(　　)。
(A)易于保证各加工面之间的位置精度
(B)切削过程比较平稳
(C)切削加工的经济精度为 IT9～IT13
(D)刀具简单

30. 在零件图上能反映加工精度的是(　　)。
(A)尺寸公差　(B)表面材质大的变化
(C)形状公差　(D)位置公差

31. 下列说法正确的是(　　)。
(A)轴上部分零件可以采用过渡配合
(B)加工轴类零件时不必考虑零件所需的滑动距离
(C)为便于导向和避免擦伤配合面，轴的两端及有过盈配合的台阶处应制成倒角
(D)为减少加工刀具的种类和提高劳动生产率，轴上的倒角、圆角、键槽等应尽可能取相同尺寸

32. 下列关于液体压强的说法正确的是(　　)。
(A)如果流量稳定，液压油缸直径越小，活塞运动速度越慢
(B)压力作用于密闭液体时，施加的压力丝毫不减地向各个方向传递，其作用于各部位的力相等
(C)大部分液压系统使用油，这是由于油几乎是不可压缩的
(D)油可以在液压系统中起润滑剂作用

33. 选择砂轮硬度时应该考虑的因素有(　　)。
(A)砂轮的大小　(B)磨削的性质　(C)工件的性质　(D)工件的导热性

34. 下列关于砂轮硬度选择正确的是(　　)。
(A)磨削软材料时要选较硬的砂轮,磨削硬材料时则要选软砂轮
(B)磨削软而韧性大的有色金属时,硬度应选得软一些
(C)磨削导热性差的材料应选较软的砂轮
(D)端面磨比圆周磨削时,砂轮硬度应选软些
35. 切削运动包括(　　)。
(A)主运动　(B)热运动　(C)进给运动　(D)平面运动
36. 切削层横截面包括(　　)。
(A)切削宽度 a_w　(B)切削厚度 a_c　(C)切削面积 A_c　(D)背吃刀量 a_p
37. 下列属于万能量具的是(　　)。
(A)游标卡尺　(B)千分尺　(C)百分表　(D)激光测绘仪
38. 下列属于游标卡尺可以测试的数据有(　　)。
(A)长度　(B)厚度　(C)内径　(D)曲率
39. 下列说法正确的是(　　)。
(A)螺旋测微器可以测量正在旋转的工件
(B)擦拭干净后使两测量爪的测量面合拢(借用标准杆),检查漏光和示值误差
(C)测微螺杆的轴线应垂直零件被测表面,转动微分筒接近工件被测工作表面时,再转动测力装置上的棘轮使测微螺杆的测量面接触工件表面,避免损坏螺纹传动副
(D)读数时,最好不要从工件上取下千分尺,如有必要取下读数时应先锁紧测微螺杆,防止尺寸变动产生测量误差;读数时看清整数部分和 0.5 mm 的刻线
40. 下列关于百分表说法正确的是(　　)。
(A)测量时测量杆应垂直零件被测平面,测量圆柱面的直径时测量杆的中心线要通过被测圆柱面的轴线
(B)利用百分表座、磁性表架和万能表架等辅助对工件的直线度、垂直度及平行度误差以及跳动误差进行测量
(C)测量头开始与被测表面接触时,测量杆应下压 0.5 mm 左右,以保持一定的初始测量力
(D)移动工件时应提起测量头避免损坏量仪
41. 下列关于工件六点定位原理说法正确的是(　　)。
(A)完全定位——工件的六个自由度全部被夹具中的定位元件所限制,而在夹具中占有完全确定的惟一位置,称为完全定位
(B)不完全定位——根据工件加工表面的不同加工要求,定位支承点的数目可以少于六个
(C)欠定位——按照加工要求应该限制的自由度没有被限制的定位称为欠定位。欠定位是不允许的,因为欠定位保证不了加工要求
(D)过定位——工件的一个或几个自由度被不同的定位元件重复限制的定位称为过定位
42. 下列关于数控车床刀具的说法正确的是(　　)。
(A)当机床上没有配置刀具时,自动换刀将无法实现
(B)G45～G48 为模态代码,仅在指令程序段有效

(C)G45 IP_D_按偏置存储器的值增加移动量

(D)G46 IP_D_按偏置存储器的值减少移动量

43. 下列说法正确的是(　　)。

(A)新砂轮在安装时应经过两次静平衡,安装前一次,安装后用金钢石修正后再平衡一次

(B)新砂轮安装好后,关闭防护门,以工作转速进行不少于 5 min 的空运转,操作者应避开正面,确认安装正确,运转正常后方可工作

(C)刚开始磨削时,进给量要小,切削速度要快些

(D)磨床的砂轮可以像砂轮机一样磨刀具

44. 数控机床按伺服控制方式可分为(　　)。

(A)开环控制数控机床　　(B)点位控制数控机床

(C)半闭环控制数控机床　　(D)闭环控制数控机床

45. 使用刀具补偿功能编程时,(　　)。

(A)可以不考虑刀具半径　　(B)可以直接按加工工件轮廓编程

(C)无需求出刀具中心的运动轨迹　　(D)可以用同一程序完成粗、精加工

46. 机床原点是(　　)。

(A)机床上的一个固定点　　(B)工件上的一个固定点

(C)由 Z 向与 X 向的机械挡块确定　　(D)由制造厂确定

47. 数控加工适用于(　　)。

(A)形状复杂的零件　　(B)加工部位分散的零件

(C)多品种小批量生产　　(D)表面相互位置精度要求高的零件

48. 下列关于数控车床坐标系和工件坐标系说法正确的是(　　)。

(A)数控车床标准坐标系可用左手法则确定

(B)数控车床某一运动部件的正方向规定为增大刀具与工件间距离的方向

(C)编程原点选择应尽可能与图纸上的尺寸标注基准重合

(D)程序段格式代表尺寸数据的尺寸字可只写有效数字

49. 下列有关程序段说法正确的是(　　)。

(A)通常程序段落由若干个程序段字符组成

(B)程序段号一般由地址符 N 和后续四位数字组成

(C)G 准备功能代码地址符,为数控机床准备某种运动方式而设定

(D)T 为辅助功能代码,用于数控机床的一些辅助功能

50. 关于 G 代码,下列说法正确的是(　　)。

(A)G 代码分为模态代码和非模态代码

(B)同一组 G 代码在同一程序段中一般可同时出现多次

(C)G41 功能为刀具左补偿

(D)G42 功能为刀具右补偿

51. 对于数控机床节点坐标的计算说法正确的是(　　)。

(A)若轮廓曲线的曲率变化不大,可采用等步长法计算插补节点

(B)若轮廓曲线的曲率变化较大,可采用等误差法计算插补节点

(C)容差值越小,计算节点数越小

(D)在同一容差下,采用圆弧逼近法与直线逼近法相比,可以有效减少节点数目

52. 下列属于划线绘画工具的是(　　)。

(A)划线盘　(B)C型夹头　(C)V形铁　(D)高度游标尺

53. 下列关于锉削加工说法正确的是(　　)。

(A)半精加工时，在细锉上涂上粉笔灰让其容屑空间减少，这样可以使锉刀既保持锋利，又避免容屑槽中的积屑过多而划伤工件表面

(B)粗锉加工时可以加大力度,这样就可以用最短的时间去掉最多的余量

(C)锉削时切忌用油石和砂布

(D)为了避免人为误差,加工余量可以大于0.5 mm

54. 关于铰孔加工,下列说法正确的是(　　)。

(A)铰削时的背吃刀量为铰削余量的一半,切削速度越低,表面粗糙度值越小,切削速度最好小于5 m/min

(B)铰削时由于切屑少而且铰刀上有修光部分,进给量可取大些。铰削钢件时,选用进给量为0.2 mm/r

(C)铰孔时,切削液对孔的扩张量及孔的表面粗糙度有一定的影响

(D)铰孔前一般先车孔或扩孔,并留出铰孔余量,余量的大小不影响铰孔质量

55. 下列属于连接螺纹的是(　　)。

(A)普通螺纹　(B)管螺纹　(C)梯形螺纹　(D)矩形螺纹

56. 下列关于螺纹滚压说法正确的是(　　)。

(A)螺纹滚压一般在滚丝机、搓丝机或在附装自动开合螺纹滚压头的自动车床上进行

(B)滚压螺纹的外径一般不超过25 mm,长度不大于100 mm

(C)螺纹精度可达2级(GB/T 197—2003)

(D)滚压一般不能加工外螺纹

57. 下列属于电容器表示方法的是(　　)。

(A)直标法　(B)色系表示法　(C)数码表示法　(D)色码表示法

58. 下列关于熔断器说法正确的是(　　)。

(A)熔体额定电流不能大于熔断器的额定电流

(B)不能用不易熔断的其他金属丝代替

(C)安装时熔体两端应接触良好

(D)更换熔体时不必切断电源,可带电更换熔断器

59. 下列关于万用表的说法错误的是(　　)。

(A)测量电流与电压不能旋错挡位,如果误将电阻挡或电流挡去测电压,极易烧坏电表

(B)测量电阻时,不要用手触及元件的裸体两端(或两支表棒的金属部分),以免人体电阻与被测电阻并联,使测量结果不准确

(C)万用表不用时,将旋钮调至电阻挡并妥善放置

(D)如果不知道被测电压或电流的大小,应先用最高挡,所测得的数值不影响精确度

60. 低压电器常用的灭弧方法有(　　)。

(A)灭弧罩灭弧　(B)氦气隔离灭弧

(C)磁吹式灭弧　(D)多纵缝灭弧

61. 下列属于直接接触触电的是(　　)。

(A)单相触电　(B)两相触电　(C)电弧伤害　(D)静电触电

62. 机床旋转部件的危害因素有(　　)。

(A)对向旋转部件的咬合

(B)飞出的装夹具和机械部件

(C)旋转部件和呈切线运动部件面的咬合

(D)旋转轴

(E)旋转部件和固定部件的咬合

63. 国家污染排放标准是根据(　　)制定的。

(A)国家环境质量标准　(B)我国经济状况

(C)国家排污单位的技术条件　(D)国家资源总量

64. 关于环境监督管理说法正确的是(　　)。

(A)国务院环境保护行政主管部门制定国家环境质量标准

(B)凡是向已有地方污染物排放标准的区域排放污染物的,应当执行国家污染物排放标准

(C)国务院和省、自治区、直辖市人民政府的环境保护行政主管部门应当定期发布环境公报

(D)建设污染环境的项目,必须遵守国家有关建设项目环境保护管理的规定

65. 关于质量管理体系,下列说法正确的是(　　)。

(A)预防措施是指为消除潜在不合格或其他潜在不期望情况的原因所采取的措施

(B)纠正措施是指为消除已发现的不合格或其他不期望情况的原因所采取的措施

(C)返工是指为使不合格产品符合要求而对其采取的措施

(D)返工和返修所能达到的效果相同

66. 下列关于《质量管理体系　要求》(GB/T 19001—2008)中对 PDCA 的解释正确的是(　　)。

(A)PDCA 为策划、实施、检查、处置的缩写

(B)PDCA 中 P 代表策划

(C)PDCA 中 D 代表检查

(D)PDCA 中 A 代表处置

67. 下列关于质量体系的内部审核说法正确的是(　　)。

(A)在 ISO 9000“2.8 质量管理体系评价”中指出,内部审核是质量管理体系评价的一种方法

(B)组织应将内部审核的各项要求在文件的程序中作出规定

(C)审核员可以审核自己的工作

(D)策划、实施、审核以及报告结果要形成记录并保持

68. 下列属于箱体上的一些细小的结构常用表示方法的是(　　)。

(A)局部视图　(B)局部剖视　(C)侧视图　(D)断面图

69. 箱体类零件常见结构有(　　)。

(A)加强筋　(B)铸造圆角　(C)拔模斜度　(D)多方向孔

70. 轴测图根据投射线方向和轴测投影面的位置不同可分为(　　)。

(A)横轴测图　(B)正轴测图　(C)竖轴测图　(D)斜轴测图

71. 轴测图的特性是(　　)。

(A)相互平行的两直线,其投影仍保持平行
(B)相互垂直的两直线,其投影仍保持垂直
(C)相互交错的两直线,其投影仍保持相交
(D)空间平行于某坐标轴的线段,其投影长度等于该坐标轴的轴向伸缩系数与线段长度的乘积

72. 装配图的画法有(　　)。
(A)基本画法　(B)拆卸画法　(C)夸大画法　(D)简化画法

73. 液压传动的优点有(　　)。
(A)容易实现自动控制　(B)体积小、重量轻、惯性小、响应速度快
(C)能够实现无级调速,调速范围广　(D)可缓和冲击,运动平稳

74. 视图选择的要求有(　　)。
(A)完全　(B)正确　(C)清楚　(D)分析

75. 视图选择的步骤有(　　)。
(A)分析零件　(B)选择主视图
(C)选择其他视图　(D)选择加工方法

76. 刀体的组成部分有(　　)。
(A)前刀面　(B)主后刀面　(C)主切削刃　(D)刀尖

77. 刀具角度的静止参考系主要坐标平面有(　　)。
(A)基面　(B)切削平面　(C)正交平面　(D)假定工作平面

78. 制定工艺规程的原始资料有(　　)。
(A)产品全套装配图和零件图　(B)产品验收的质量标准
(C)产品的生产纲领(年产量)　(D)有关的工艺手册及图册

79. 影响加工余量的因素有(　　)。
(A)前工序的尺寸公差　(B)前工序的形位公差
(C)前工序的表面粗糙度和表面缺陷　(D)本工序的安装误差

80. 缓进给磨削的优点有(　　)。
(A)磨削深度大,生产效率高　(B)砂轮磨损小
(C)磨削精度高,表面粗糙度低　(D)设备成本高
(E)接触面大,使磨削热增大

81. 恒压力磨削的特点是(　　)。
(A)可减少空行程时间,节省辅助时间,无需光磨阶段
(B)恒压力磨削过程中,切向磨削力比法向磨削力大 2～3 倍,不易控制
(C)恒压力磨削是在最佳磨削用量下进行的磨削,效率高;还可避免超负荷工作,操作安全
(D)恒压力磨削对电气、液压和砂轮等有特殊要求,磨床结构复杂,不易推广

82. 下列说法正确的有(　　)。
(A)砂带磨削精度高,成本低
(B)砂带磨削操作简便,辅助时间少
(C)砂带磨削工艺灵活性大、适应性强

(D)砂带磨削可以十分方便地用于平面、内外圆和复杂曲面的磨削

83. 下列说法正确的有(　　)。

(A)利用砂带磨削能够很容易地解决一些难加工零件,如超长、超大的轴类和平面零件的精密加工

(B)砂带磨削几乎能磨削一切工程材料

(C)砂带磨削不可以加工诸如铜、铝等有色金属和木材、皮革、塑料等非金属软材料

(D)砂带磨削能以极高的效率加工表面质量及精度要求都较高的大型或异形件

84. 机械加工工艺规程一般包括的内容有(　　)。

(A)工件加工的工艺路线　(B)工艺装备

(C)工件的检验项目　(D)工件的检验方法

85. 整个工艺过程可划分的加工阶段有(　　)。

(A)粗加工阶段　(B)半精加工阶段

(C)精加工阶段　(D)光整加工阶段

86. 下列属于机床夹具按使用机床分类的是(　　)。

(A)车床夹具　(B)手动夹具　(C)铣床夹具　(D)钻床夹具

87. 斜楔夹紧机构具有的特点是(　　)。

(A)自锁性　(B)保持作用力方向

(C)增力　(D)夹紧行程小

88. 工件装夹时,装夹过程包括(　　)。

(A)预夹紧　(B)找正、敲击　(C)定位　(D)完全夹紧

89. 下列定位元件属于定位长圆柱面的有(　　)。

(A)V 形块　(B)心轴　(C)支撑板　(D)三爪卡盘

90. 工件位置的校正方法有(　　)。

(A)拉表法　(B)划线法　(C)测量法　(D)固定基面靠定法

91. 磨具按其原料来源分为(　　)。

(A)天然磨具　(B)塑料磨具　(C)人造磨具　(D)刚性磨具

92. 测量圆度的方法有(　　)。

(A)回转轴法　(B)三点法　(C)投影法　(D)围测法

93. 节点的数目主要取决于(　　)。

(A)轮廓曲线特性　(B)逼近线段形状

(C)计算方法　(D)容差要求

94. 对于数控机床节点坐标的计算说法正确的是(　　)。

(A)若轮廓曲线的曲率变化不大,可采用等步长法计算插补节点

(B)若轮廓曲线的曲率变化较大,可采用等误差法计算插补节点

(C)容差值越小,计算节点数越小

(D)在同一容差下,采用圆弧逼近法与直线逼近法相比,可以有效减少节点数目

95. 数控机床中,下列(　　)可用于表示旋转运动轴。

(A)A 轴　(B)X 轴　(C)U 轴　(D)D 轴

96. 节点的计算方法有(　　)。

(A)等步长法　　(B)等误差法
(C)圆弧逼近插补法　　(D)直线逼近插补法

97. 数控编程是数控加工准备阶段的主要内容之一,通常包括(　　)。
(A)分析零件图样　　(B)确定加工工艺过程
(C)计算走刀轨迹　　(D)编写数控加工程序

98. 数控编程中手工编程的优点有(　　)。
(A)容易校对　　(B)计算量小　　(C)编程直观　　(D)易于实现

99. 用户宏程序指令适合(　　)等没有插补指令的编程。
(A)抛物线　　(B)椭圆　　(C)直线　　(D)双曲线

100. 用户宏程序的算术运算符号有(　　)。
(A)"+"　　(B)"/"　　(C)"≠"　　(D)"—"

101. 磨床每天都应该进行的保养和维护有(　　)。
(A)检查试验各按钮及限位开关动作是否正常
(B)检查油箱油量是否充足,各部位润滑是否正常
(C)工作前先让主轴空转 10 min 进行暖机
(D)作业完毕清除各部位的研磨屑,擦拭干净后在滑动部位上油防锈

102. 数控磨床润滑的意义是(　　)。
(A)降低摩擦　　(B)减低磨损
(C)冷却摩擦表面　　(D)密封

103. 气压传动的优点有(　　)。
(A)来源方便　　(B)无污染
(C)调速方便　　(D)工作环境适应性好

104. 液压传动装置的缺点有(　　)。
(A)易泄露,对环境有污染　　(B)工作环境温度有限制
(C)能量损失影响传动效率　　(D)泄露和可压缩性,使传动比不够精确

105. 机床进行预启动操作后,伺服变压器控制接触器未吸合的原因有(　　)。
(A)电器控制柜过热
(B)控制电路接触不良、连接不好或断线
(C)接触器接触不良或损坏
(D)机床操作面板上预启动按钮接触不良或损坏

106. 在机械加工过程中,随着余量的切除,(　　)。
(A)轴的尺寸由大变小　　(B)轴的尺寸由大变大
(C)孔的尺寸由小变大　　(D)孔的尺寸由小变小

107. 高速磨削采用的冷却润滑液的功能有(　　)。
(A)提高工件表面粗糙度　　(B)延长砂轮的使用寿命
(C)降低工件表面粗糙度　　(D)提高磨削的材料切除率

108. CBN 砂轮的特性是(　　)。
(A)很高的刀刃强度和轮廓稳定性
(B)砂轮修整的间隔时间长,耐用度很高

(C)采用 CBN 砂轮,加工时间通常可缩短 50%

(D)加工费用增长 50%以上

109. 外圆磨削的形式有(　　)。

(A)中心型外圆磨削　　(B)无心外圆磨削

(C)端面外圆磨削　　(D)万能外圆磨削

110. 由于磨料、结合剂及制造工艺等的不同,砂轮特性可能差别很大,对磨削的(　　)有着重要影响。

(A)加工质量　　(B)生产效率　　(C)完整性　　(D)经济性

111. 孔和轴装配时,可以采用的基准制方法是(　　)。

(A)基孔制　　(B)过盈配合　　(C)基轴制　　(D)间隙配合

112. 为了保证内外圆的同轴度,在外圆磨床上磨削套类零件时通常可以采用的心轴有(　　)。

(A)台阶式心轴　　(B)小锥度心轴　　(C)胀力心轴　　(D)研磨心轴

113. 内圆磨削可分为(　　)。

(A)中心型内圆磨削　　(B) 端面型内圆磨削

(C)无心内圆磨削　　(D)行星式内圆磨削

114. 下列属于磨具种类的是(　　)。

(A)砂轮　　(B)砂带　　(C)陶瓷　　(D)油石

115. 磨削用量的选择是否合理,直接关系着工件的(　　)。

(A)使用寿命　　(B)表面质量　　(C)加工进度　　(D)生产率

116. V 形块典型磨削技术要素有(　　)。

(A)磨床　　(B)磨具　　(C)夹具　　(D)磨削参数

117. 对于外形复杂或非铁磁性材料的工件,可采用(　　),然后用电磁吸盘或真空吸盘吸牢。

(A)精密平口虎钳　　(B)专用夹具装夹　　(C)普通夹具装夹　　(D)普通平口虎钳

118. 下列对陶瓷性能的描述,正确的是(　　)。

(A)耐热　　(B)气孔多　　(C)弹性好　　(D)耐蚀

119. 刀具磨削过程出现裂纹主要原因是(　　)。

(A)弹性变形　　(B)塑性变形　　(C)磨削热　　(D)切削液

120. 齿轮磨削通常按工具类型分类,可分为(　　)。

(A)固定磨粒加工　　(B)半固定磨粒加工

(C)游离磨粒加工　　(D)半游离磨粒加工

121. 齿轮磨削的方法有(　　)。

(A)利用修整后的成型砂轮磨削　　(B)利用专用夹具进行磨削

(C)利用砂轮磨削　　(D)利用夹具磨削

122. 齿轮磨削常用磨料氧化铝的特性是(　　)。

(A)韧性好　　(B)硬度低　　(C)强度高　　(D)硬度高

123. 为获得高测量精度,应选用的测量方法有(　　)。

(A)直接测量　　(B)间接测量　　(C)绝对测量

(D)相对测量　　(E)非接触测量

124. 下列论述正确的有(　　)。
(A)指示表的度盘与指针转轴间不同轴所产生的误差属于随机误差
(B)测量力大小不一致引起的误差属于随机误差
(C)测量被测工件的长度时,环境温度按一定规律变化而产生的测量误差属于系统误差
(D)测量器具零位不对准时,其测量误差属于系统误差
(E)由于测量人员一时疏忽而出现绝对值特大的异常值,属于随机误差

125. 下列论述正确的有(　　)。
(A)量块按级使用时,工作尺寸为其标称尺寸,不计量块的制造误差和磨损误差
(B)量块按等使用时,工作尺寸为量块经检定后给出的实际尺寸
(C)量块按级使用比按等使用方便,且测量精度高
(D)量块需送交有关部门定期检定各项精度指标

126. 程编误差由(　　)组成。
(A)逼近误差　(B)插补误差　(C)圆整误差　(D)示值误差

127. 工艺系统误差是由(　　)等部分组成的。
(A)控制系统误差　(B)工件定位误差　(C)进给系统误差
(D)对刀误差　(E)自动换刀误差

128. 外圆磨削加工误差主要由(　　)误差引起。
(A)机床热变形　(B)机床受力变形
(C)进给误差　(D)工件的误差

129. 自动检测系统中常用的抗电磁干扰技术有(　　)。
(A)屏蔽和浮置　(B)接地和滤波　(C)光电隔离　(D)应变效应

130. 外圆锥面磨削,根据锥面的大小和工件形状可采用的磨削方法有(　　)。
(A)转动工作台磨削锥面　(B)转动头架磨削外圆锥面
(C)转动砂轮架磨削外圆锥面　(D)调整工作台或尾座的高低

131. 工件的不平衡产生系统振动的主要原因有(　　)。
(A)工件的弯曲变形　(B)工件的表面硬度不均匀
(C)工件的表面不连续　(D)工件的形状不规则

132. 锥度磨削加工时的注意事项有(　　)。
(A)两顶尖装夹时需加润滑脂,并且转速不宜过高,以免烧坏顶尖
(B)磨削时切削液要充分
(C)因磨削时要转动砂轮架,之前要修整好砂轮
(D)采用切入法磨削时,只能手摇切入,小心工件不要与砂轮撞伤以防发生事故

133. 通常使用螺距规测量(　　)。
(A)螺距　(B)牙型角　(C)螺纹中径　(D)以上都可

134. 双频激光干涉仪与不同光学附件结合可以测量距离及(　　)。
(A)直线度　(B)垂直度　(C)平行度　(D)平面度

135. 一个完整的自动化测量系统或检测装置通常由(　　)等几部分组成,分别完成信息获取、转换、显示和处理等功能。
(A)感光模块　(B)传感器　(C)测量电路　(D)显示记录装置

136. 三视图的投影规则是(　　)。
(A)主视、俯视长对正　(B)主视、左视高平齐
(C)左视、俯视宽相等　(D)左视、俯视长相等
137. 宽砂轮磨削是一种高效磨削,在无心磨削中可采用(　　)。
(A)切入磨削法　(B)砂带磨削　(C)通磨　(D)多刃磨削
138. 磨削过程中产生的振动形式有(　　)。
(A)往复振动　(B)自由振动　(C)强迫振动　(D)自激振动
139. 下列选项中,(　　)属于自由振动。
(A)磨床周围其他机械产生的冲击力　(B)磨床砂轮架快速进退引起的振动
(C)砂轮的不平衡等因素引起的振动　(D)工作台换向时引起的振动
140. 砂带磨削是一种具有(　　)多种作用的复合加工工艺。
(A)磨削　(B)研磨　(C)找平　(D)抛光
141. 磨削加工一般是属于零件的后道工序,零件的(　　)都要在磨削中得到最后控制和保证。
(A)尺寸精度　(B)相关面的位置精度
(C)形状精度　(D)表面粗糙度
142. 制定加工工艺路线应遵循的原则是(　　)。
(A)加工顺畅　(B)技术上先进
(C)经济上合理　(D)有良好、安全的劳动条件
143. 专用夹具由(　　)和夹具体组成。
(A)定位装置　(B)夹紧装置
(C)对刀—引导装置　(D)其他元件及装置
144. 组合夹具由(　　)等元件组成。
(A)基础件、支撑件　(B)定位件、导向件
(C)压紧件、紧固件　(D)合件
145. 薄壁零件的装夹方法包括(　　)。
(A)增加装夹接触面积　(B)使用特制的软卡爪装夹薄壁零件
(C)改变夹紧方向　(D)增加工艺肋
146. 菱镁磨具的特点有(　　)。
(A)强度高、硬度大、耐磨性好,具有良好的磨削能力
(B)仿形好,抛磨起光快、光泽度好
(C)削磨量少,削磨力强,打磨效率高
(D)成本低廉,耐磨性好,具有极高的性价比
147. 对于同一曲线,在相同容差要求下,采用(　　)可减少节点数目。
(A)等步长法　(B)等误差法
(C)圆弧逼近插补法　(D)直线逼近插补法
148. 等间距直线逼近计算方法,在极坐标系中,可使相邻节点间的(　　)增量相等。
(A)极角　(B)径向坐标　(C)X 坐标　(D)Y 坐标
149. 手工编程适用于(　　)的零件编程,对机床操作人员来讲必须掌握。

(A)中等复杂程度程序　(B)复杂型腔的

(C)计算量不大　(D)具有空间自由曲面

150. 经济型数控机床仅能满足一般精度要求的加工，能加工形状较简单的(　　)的零件。

(A)直线　(B)斜线　(C)圆弧　(D)带螺纹类

151. 液压传动装置由于使用工作压力高的油性介质，因此具有(　　)的特点。

(A)机构输出力大　(B)机械机构紧凑

(C)动作平稳可靠　(D)易于调节，噪声较小

152. 液压传动系统在数控机床中具有(　　)等辅助功能。

(A)自动换刀所需的动作　(B)机床运动部件的运动、制动

(C)离合器的控制　(D)齿轮拨叉挂档

153. 制定切削用量所要考虑的因素有(　　)。

(A)工件技术要求　(B)切削加工生产率

(C)刀具寿命　(D)加工表面粗糙度

154. 金属切削液具有(　　)作用。

(A)润滑　(B)冷却　(C)洗涤　(D)防锈

155. 精加工过程中，切削液的主要作用是(　　)。

(A)降低切削温度　(B)提高工件加工精度

(C)降低表面粗糙度　(D)提高刀具寿命

156. 冷却润滑液在磨削过程中的作用是(　　)。

(A)润滑　(B)冷却　(C)清洗砂轮　(D)传送切屑

157. 高精度细长轴的特殊磨削方法包括(　　)。

(A)砂带磨削法　(B)凹形砂轮磨削法

(C)赶刀磨削法　(D)多刃磨削法

158. 外圆磨削中外圆磨床的类型主要有(　　)和普通外圆磨床等。

(A)万能外圆磨床　(B)无心外圆磨床

(C)宽砂轮外圆磨床　(D)端面外圆磨床

159. 平面磨削的磨削过程实际上是磨粒对工件表面(　　)作用的综合效应。

(A)切削　(B)刻划　(C)抛光　(D)滑擦

160. 由于砂轮的(　　)会阻塞砂轮，在磨削一定时间后需用金刚石车刀等对砂轮进行修整。

(A)油渍　(B)"自锐性"　(C)切屑　(D)碎磨粒

161. 机械加工工序的安排原则是(　　)。

(A)先粗后精　(B)基准先行　(C)先主后次　(D)先面后孔

162. 工件装夹前应将(　　)擦拭干净，并不得有毛刺。

(A)工件的定位面　(B)工件的夹紧面

(C)垫铁　(D)夹具的定位面、夹紧面

163. 若工艺规程中未规定装夹方式，操作者在自选定位基准和装夹方法时应按(　　)原则操作。

(A)可按操作习惯确定定位基准和装夹方法
(B)尽可能使定位基准与设计基准重合
(C)装夹方法选择以操作方便为原则
(D)尽可能使各加工面采用同一定位基准

164. 轴类工件装夹前应检查中心孔,不得有( )等缺陷,并擦净中心孔。
(A)椭圆 (B)棱圆 (C)碰伤 (D)毛刺

165. 深孔磨削加工时,应根据工件的( )要求,合理选用砂轮牌号。
(A)材料 (B)硬度 (C)精度 (D)表面粗糙度

166. 内孔磨削加工时,如加工后的工件表面局部出现细微波纹,可能是( )或其他原因造成的,可视具体情况采取相应措施加以解决。
(A)主轴松动 (B)夹具过紧 (C)电机振动 (D)砂轮表面有浮砂

167. 常用砂轮形状有( )。
(A)平形砂轮 (B)筒形砂轮 (C)碗形砂轮 (D)碟形一号砂轮

168. 选用砂轮时,应注意硬度选得适当。在( )时,应选用软砂轮。
(A)工件材料硬度较高 (B)粗磨
(C)工件材料硬度较低 (D)精磨

169. 磨削用量的选用原则有( )。
(A)砂轮圆周速度 (B)工件圆周速度
(C)磨副深度 (D)纵向往复速度

170. 用V形块磨削典型零件的特点有( )。
(A)加工精度高 (B)加工效率高 (C)适应性强 (D)磨削工具种类多

171. 端磨磨削,砂轮与工件的接触面积大,特点有( )。
(A)砂轮磨损均匀 (B)磨削力大,磨削热多
(C)冷却和排屑条件差 (D)工件受热变形大

172. 砂轮的组织是指砂轮中( )体积的比例关系。
(A)磨粒 (B)结合剂 (C)气孔 (D)冷却剂

173. 疏松组织的砂轮适用于( )。
(A)成型磨削和精密磨削 (B)淬火钢的磨削和刀具刃磨
(C)平面磨削和内圆磨削 (D)热敏材料和薄壁零件的磨削

174. 工件出现局部烧伤现象,可能是( )等原因所致。
(A)冷却液不充分 (B)砂轮表面浮砂
(C)进给量过大 (D)砂轮钝化

175. 按照伺服系统的控制方式,可以把数控系统分为( )。
(A)开环控制系统 (B)闭环控制系统
(C)半闭环控制系统 (D)点位控制系统

176. 气动测量头主要由( )等组成。
(A)内径测量头和外径测量头 (B)槽宽测量头
(C)气动连杆测量装置 (D)薄壁缸套测量装置

177. 气动量仪主要包括( )。

(A)背压泄流系统 (B)背压系统
(C)差分系统 (D)流量系统

178. 自动化测量设备应用了最先进的(　　)等技术。
(A)激光技术 (B)虚拟仪器技术 (C)机器视觉 (D)电子软件

179. 精密丝杠的精度指标主要有(　　)。
(A)螺距精度误差 (B)中径精度误差
(C)牙型角精度误差 (D)表面粗糙度精度误差

180. 渐进误差是由(　　)等引起的累积误差误差。
(A)丝杠的螺距累计误差 (B)工作台导轨的几何误差
(C)牙型角精度误差 (D)工件和机床的热变形误差

181. 丝杠磨削加工时的热量传播方式主要包括(　　)。
(A)磨削表面所需表面能 (B)残留于表面和磨屑中的应变能
(C)丝杠内部的热传导 (D)丝杠与冷却介质的对流换热

182. 刀具的标注角度主要有(　　)。
(A)前角、背前角 (B)后角、背后角
(C)主偏角、副偏角 (D)刃倾角

183. 按夹具的通用特性,常用的夹具可分为(　　)。
(A)专用夹具和通用夹具 (B)可调夹具
(C)组合夹具 (D)自动线夹具

184. 切削用量制定的步骤有(　　)。
(A)背吃刀量的选择 (B)进给量的选择
(C)切削速度的确定 (D)校验机床功率

185. 磨削加工时所用锥度靠模板分为(　　)。
(A)复合式 (B)固定式 (C)可调式 (D)对称式

四、判 断 题

1. 视图包括基本视图、局部视图、斜视图和向视图共四种。(　　)
2. 六个基本视图中,最常应用的是右视图、仰视图和后视图。(　　)
3. 图5中的局部剖视是正确的。(　　)

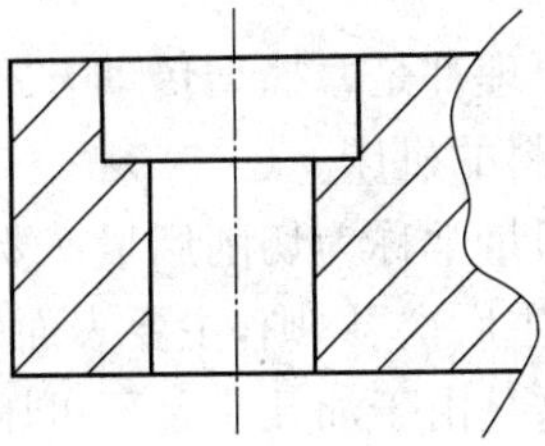

图 5

4. 图样上所标注的尺寸应是机件的真实尺寸,且是机件的最后完工尺寸,与绘图比例和绘图精度无关。(　　)

5. 用钻头加工盲孔或阶梯孔，钻头角成 120°在视图中必须注明。（　）

6. 极限与配合是检验产品质量的重要技术指标，是零件图、装配图中重要的技术要求。（　）

7. 形位公差是指零件要素的实际形状和实际位置所要求的理想形状和理想位置所允许的变动量。（　）

8. 国家标准规定用代号 ES 和 es 分别表示孔和轴的上偏差。（　）

9. 基本偏差是指上、下偏差中靠近上偏差的偏差。（　）

10. 表面粗糙度越小，零件的性能越好，因此加工时应保证工件的表面粗糙度尽量小。（　）

11. 表面粗糙度符号的尖端必须从材料外指向被加工表面。（　）

12. 常用的钢铁金属材料分为钢和铸铁两大类。（　）

13. 40Cr 为调质钢，是用于承受弯曲、扭转、拉压、冲击等复杂应力的重要件。（　）

14. 金属材料的工艺性能包括物理性能、化学性能和力学性能。（　）

15. 铸铁可分为白口铸铁、灰口铸铁、可锻铸铁、球墨铸铁、蠕墨铸铁以及特殊性能铸铁。（　）

16. 亚共析钢在室温时，其组织由铁素体和珠光体组成。（　）

17. 钼合金顶头可用于不锈钢穿管机上，钼板、钼丝主要用于电子工业作微波管热电子阴极、真空炉中辐照屏等。（　）

18. 不锈钢 00Cr18Ni10 表明含碳量不大于 0.18%。（　）

19. Al-Si 系合金是工业上使用最为广泛的铸造合金，但该合金液态下流动性差。（　）

20. 把加热到奥氏体化后的工件放入一种淬火冷却介质中一直冷却到室温的淬火方法，称为单液淬火。（　）

21. 耐热塑料工作温度高于 150 ℃～200 ℃，但成本高。（　）

22. 含碳量为 0.36%、含锰量为 1.5%～1.8%、含硅量为 0.4%～0.7%的钢，其钢号为 36MnSi。（　）

23. 将含碳量小于 2.11%的合金称为钢，而将含碳量大于 2.11%的合金称为铸铁。（　）

24. 马氏体不锈钢 Cr 含量为 13%～30%，C 含量为 0.15%，属铬不锈钢。（　）

25. 等温淬火常用来处理形状复杂、尺寸要求精确，并且要求有较高强韧性的工具、弹簧等。（　）

26. 聚甲醛低压 PE 有良好的耐磨性、耐蚀性、绝缘性、无毒，用于一般机械构件、化工管道、电缆电线等。（　）

27. 带传动种类繁多，但工作原理都是摩擦型传动方式。（　）

28. 车床是用于切断或锯断材料的机床。（　）

29. 切削速度、进给量和背吃刀量常称为切削用量三要素。（　）

30. 在加工工序时，应遵循“先主后次”原则，主要表面先加工，次要表面后加工。（　）

31. 大部分液压系统使用油，这是由于油几乎是不可压缩的。同时，油可以在液压系统中起润滑剂作用。（　）

32. 砂轮是由磨料和结合剂经压坯、干燥、焙烧及修整而成的。（　）

33. 常用砂轮结合剂分为陶瓷、树脂、橡胶、金属四类。（　）

34. 刀具要从工件上切下切屑，其硬度必须大于工件的硬度。在室温下，刀具的硬度应在

HRC60 以上。( )

35. 金属切削过程就是刀具从工件上切除多余的金属,使工件获得规定的加工精度与表面质量。( )

36. 进给量是工件或刀具每回转一周时两者沿进给运动方向的相对位移。( )

37. 绝对测量是指直接对被测量得出测量值的一种方法。( )

38. 游标卡尺的分度值有 0.1 mm、0.05 mm、0.02 mm 三种。( )

39. 千分尺微分圆周上分 49 个格,刻度值每格为 0.01 mm。( )

40. 百分表长指针每转一格为 0.01 mm,短指针每转一格为 1 cm。( )

41. 当工件用几个表面作为定位基准时,若工件是大型的,则为了保持工件的正确位置,朝向各个定位元件都要有夹紧力。( )

42. 工艺规程中未规定表面粗糙度要求的粗加工表面,加工后的表面粗糙度 R_a 值应不大于 0.005 mm。( )

43. 目前数控机床程序编制的方法有手工编程和自动编程两种。( )

44. 数控机床有加工精度高、加工质量稳定、加工生产效率高、加工适应性强、灵活性好等特点。( )

45. G17、G18、G19 为平面选择指令。( )

46. 数控机床的坐标系规定已标准化,按左手直角牛顿坐标系确定。( )

47. 主轴正转是从主轴+Z 方向看(从主轴头向工作台方向看),主轴顺时针方向旋转。( )

48. 点位控制数控机床的特点是机床移动部件从一点移动到另一点的准确定位,各坐标轴之间的运动是不相关的。( )

49. 开环控制系统是指不带反馈装置的控制系统。( )

50. 数控机床的加工精度高,而且同一批零件加工尺寸的一致性好。( )

51. 数控机床加工能准确计算出零件的加工工时,并有效地简化刀、夹、量具和半成品的管理工作。( )

52. 数控机床能实现多个坐标的联动,可以加工普通机床无法加工的形状复杂的零件。( )

53. 锉刀粗细刀纹的选择和预留加工量选择锉刀刀纹主要根据工件对表面粗糙度和精度的要求而定。( )

54. 螺纹应具有光滑的表面,不得有影响使用的夹层、裂纹和毛刺。( )

55. 安装螺纹车刀时,刀尖不必和工件轴线等高。( )

56. 在工件上加工出内、外螺纹的方法主要有切削加工和滚压加工两类。( )

57. —▶|— 为发光二极管的符号。( )

58. 隔离刀开关由于控制负荷能力很小,也没有保护线路的功能,所以通常不能单独使用。( )

59. 低压熔断器熔体额定电流大于或等于该支路的实际最大负荷电流,但应小于支路中最细导线的安全电流。( )

60. 万用表不用时,最好将挡位旋至交流电压最高挡,避免因使用不当而损坏。( )

61. 电机中能量的转换主要以热能为媒介,其运行效率高。( )

62. C650 车床在控制电路中实现了反接串电阻制动控制。( )

63. 新砂轮平衡前要检查砂轮是否有裂纹、缺口，首次使用的砂轮至少要空转 5 min。（ ）

64. 施工现场出入口应标有企业名称或企业标识，主要出入口明显处应设置工程概况牌，大门内应设置施工现场总平面图和安全生产、消防保卫、环境保护、文明施工和管理人员名单及监督电话牌等制度牌。（ ）

65. 机械伤害主要指机械设备运动（静止）部件、工具、加工件直接与人体接触引起的夹击、碰撞、剪切、卷入、绞、碾、割、刺等形式的伤害。（ ）

66. 中华人民共和国环境保护法适用于中华人民共和国领域，但不适用于中华人民共和国管辖的其他海域。（ ）

67. 环境保护是指人类为解决现实的或潜在的环境问题，协调人类与环境的关系，保障经济社会的持续发展而采取的各种行动的总称。（ ）

68. 信息可以是记录、规范、程序文件、图样、报告和标准等。（ ）

69. GB/T 19000 族标准和组织卓越模式提出的质量管理体系方法均依据共同的原则。（ ）

70. 应用统计技术有助于了解变异，从而可以帮助组织解决问题并提高有效性和效率。（ ）

71. 减速器箱体、阀体、泵体等都属于箱体类零件。（ ）

72. 箱体上的一些细小的结构常用局部视图、局部剖视、断面图等表示。（ ）

73. 轴测图内相互平行的两直线，其投影仍保持平行。（ ）

74. 在轴测投影模式下画直线可以使用输入坐标点的画法。（ ）

75. 液压传动能量转换过程：机械能—液压能—机械能。（ ）

76. 体积小、重量轻、惯性小、响应速度快是液压传动的一大优点。（ ）

77. 零件图的作用：加工制造、检验、测量零件。（ ）

78. 零件图上应反映加工工艺对零件结构的各种要求。（ ）

79. 主切削刃是前刀面与主后刀面的交线，参与主要切削工作。（ ）

80. 副切削刃是前刀面与副后刀面的交线，参与部分切削工作。（ ）

81. 工序余量是指为完成某一道工序所必须切除的金属层厚度，即相邻两工序的工序尺寸之差。（ ）

82. 加工总余量是指由毛坯变成成品的过程中，在某加工表面上所切除的金属层总厚度，即毛坯尺寸与零件图设计尺寸之差。（ ）

83. 精密工件磨削，砂轮线速度普遍采用 50～60 m/s，磨削条件好时可达 80 m/s。（ ）

84. 当轴向进给量增加时，工件每转在砂轮宽度上参加磨削的磨粒数目增加，磨削效率降低。（ ）

85. 轮廓磨削工艺简单，可加工各种复杂形状的轮廓表面，砂轮磨损慢，尺寸精度稳定。（ ）

86. 用成型砂轮切入磨削适用于工件轴向尺寸小于砂轮宽度的各种复杂形状的外圆表面磨削。（ ）

87. 机械加工工艺规程是在具体的生产条件下，把较为合理的工艺过程和操作方法，按照规定的形式书写成工艺文件，经审批后用来指导生产的。（ ）

88. 通常将整个工艺过程划分为 4 个加工阶段。（ ）

89. 组合夹具有槽系组合夹具和孔系组合夹具。（ ）

90. 专用夹具由定位装置、夹紧装置、对刀—引导装置、其他元件及装置、夹具体组成。（ ）

91. 定位误差是一个界限值。（ ）

92. 定位误差是工件在夹具中定位,由于定位不准造成的加工面相对于工序基准沿加工要求方向上的最大位置变动量。( )

93. 工件位置的校正方法有拉表法、划线法、固定基面靠定法。( )

94. 装夹又称安装,包括定位和夹紧两项内容。( )

95. 磨具按其原料来源分为天然磨具和人造磨具两类。( )

96. 磨具的三大用途:抛光、研磨、切割。( )

97. 螺旋测微器是依据螺旋放大的原理制成的。( )

98. 若轮廓曲线的曲率变化不大,可采用等步长法计算插补节点。( )

99. 若轮廓曲线的曲率变化较大,可采用等误差法计算插补节点。( )

100. 节点的计算方法一般可根据轮廓曲线的特性及加工精度要求等选择。( )

101. 当加工精度要求较高时,可采用逼近程度较高的圆弧逼近插补法计算插补节点。( )

102. 数控磨床编程中尺寸字用于确定机床上刀具运动终点的坐标位置。( )

103. F 指令在螺纹切削程序段中常用来指令螺纹的导程。( )

104. 用户宏程序中用运算符连接起来的常数或宏变量构成表达式。( )

105. 宏程序指令适合抛物线、椭圆、双曲线等没有插补指令的曲线编程。( )

106. 不用每天都检查试验各按钮及限位开关动作是否正常。( )

107. 机床超程报警解除后可继续加工,无需进行返回参考点操作。( )

108. 现代数控机床在实现整机的全自动化控制中,除数控系统外,还需要配备液压传动装置来辅助实现整机的自动运行功能。( )

109. 液压传动装置只能使用工作压力低的油性介质。( )

110. 机床维修之前应首先阅读随机技术文件、资料、弄清原理后在进行修理。( )

111. 操作者不是必须根据强力磨床说明书的要求,详细了解并熟记各润滑部位、润滑方法及润滑油的种类、牌号,按磨床润滑图表的规定进行给油保养。( )

112. 随着切削速度的减小,刀具耐用度急剧下降,故切削速度的选择主要取决于刀具的耐用度。( )

113. 大多数切削加工的主运动采用回转运动。( )

114. 由于细长轴零件的刚性较弱,切削力使工件变形加大,在加工过程中极容易发生振动、加工误差大的现象,甚至造成工件脱落的恶性事故发生。( )

115. 在对连杆颈进行跟踪磨削时,曲轴以中间轴颈为轴线进行旋转,并在一次装夹下磨削连杆颈。( )

116. 外圆磨削的吃刀运动是工件、砂轮的相对轴向移动。( )

117. 由于磨料、结合剂及制造工艺等的不同,砂轮特性可能差别很大。( )

118. 轴类零件在不同的加工阶段应该选用不同的加工设备。( )

119. 按工艺规程要求准备好加工所需的全部工艺装备,要熟悉其使用要求和操作方法,发现问题及时处理。( )

120. 拉削加工刀具费用大,生产效率低,不适应大批量生产。( )

121. 磨料与结合剂之间有许多的空隙,主要起着散热的作用。( )

122. 磨削用量就是指砂轮圆周速度、工件圆周速度、纵向进给量和横向进给量。( )

123. 磨削是一种主要利用磨料进行材料去除的加工方式,与其他加工方式所用刀具相

同。( )

124. 平面磨削时,对于外形简单的铁磁性材料工件,不采用电磁吸盘装夹工件。( )

125. 砂轮的性能取决于磨料、粒度、结合剂这三个参数。( )

126. 刀具磨削残余应力是指零件在去除外力或热源作用后,存在于零件内部的应力。( )

127. 根据工艺目的和要求不同,磨削加工已发展成为多种形式的加工工艺。( )

128. 当工件表面刚与砂轮接触时,可听到连续的嗞嗞声,工件表面的水迹可被旋转的砂轮带走,同时可见到微弱的火花,此时即可加冷却液。( )

129. 齿轮磨削磨料应具有高的硬度、耐热性及一定的韧性,对能形成切削刃的棱角没有必须的要求。( )

130. 光滑量规通规的基本尺寸等于工件的最大极限尺寸。( )

131. 测表面粗糙度时,取样长度过短不能反映表面粗糙度的真实情况,因此越长越好。( )

132. 端面全跳动公差和平面对轴线垂直度公差两者控制的效果完全相同。( )

133. 零形位公差要求适用于关联要素。( )

134. 由于砂轮在精磨前是经金刚笔修正过的,故精磨中砂轮的磨损量的变化是很微小的。( )

135. 在数控磨床误差分析中,操作者的操作失误是必须要加以考虑的。( )

136. 采用近似计算方法逼近零件轮廓曲线时产生的误差,称为逼近误差。( )

137. 程编误差允许占有工件数控加工误差中的一部分,但比例很小。( )

138. 现代计量检测行业会越来越多采用非接触式光、机、电、视觉、化工等综合检测技术手段,从而实现现场在线快速自动化检测。( )

139. 发现某检测仪表机箱有麻电感,必须采取抗电磁干扰措施。( )

140. 转动砂轮架磨削外圆锥面的方法只能采用切入法。( )

141. 锥面磨削的角度误差可调整工作台,经过多次反复研配和磨削加工去除。( )

142. 磨削表面产生波纹与砂轮的钝化无关。( )

143. 四爪单动卡盘找正工件时,找正的距离应尽量短。( )

144. 螺纹尺寸的测量主要是测量螺距、牙型角和螺纹中径。( )

145. 画复杂的零件图,要先画主体,再画圆角和倒角等细节。( )

146. 液压传动工作原理:以液体作为工作介质来实现能量的传递。( )

147. 零件图的一组视图应视零件的功用及结构形状采用一定的视图及表达方法。( )

148. 视图选择要完全是指零件各部分的结构、形状及其相对位置表达完全且唯一确定。( )

149. 磨削过程中不断波动的磨削力就是维持颤振的交变力。( )

150. 只有用调整法加工一批零件才产生定位误差,用试切法不产生定位误差。( )

151. 人造磨具按基本形状和结构特征分为固结磨具和涂附磨具。( )

152. 采用等步长逼近曲线,其最大误差必定在曲率半径最大处。( )

153. 在保证同样精度前提下,等误差逼近法计算可以使得节点数目最少,从而使得程序最短。( )

154. 手工编程是指编程的各个阶段均由人工完成。( )

155. 普及型数控机床具有人机对话功能,其结构简单、精度中等、价格便宜、应用较广。( )

156. 在摩擦面之间加入润滑剂会使摩擦系数降低,减小摩擦力。( )

157. 要实现随动磨削,只要 X 轴具有了较高的动态性能,便可确保连杆颈所要求的形状公差。( )

158. 磨削中,磨粒本身也会由尖锐逐渐磨钝,使切削作用变差,切削力变小。( )

159. 深孔磨削加工前机床要按规定进行润滑和空运转。( )

160. 轴类工件装夹前应检查中心孔,精磨的工件应研磨好中心孔,并加好润滑油。( )

161. 夹紧工件时,夹紧力的作用点应通过支承点或支承面。( )

162. 在内、外圆磨床上磨削偏重工件,装夹时应加好配重,保证磨削时的平衡。( )

163. 砂轮软,表示磨粒难以脱落;砂轮硬,表示磨粒容易脱落。( )

164. 增高砂轮圆周速度能提高生产效率,降低工件表面粗糙度值,减小砂轮磨损。( )

165. 根据内圆磨削的特点,内圆磨削所采用的背吃刀量比外圆磨削的大。( )

166. 端磨是采用砂轮的圆周面对工件平面进行磨削。( )

167. 磨料在砂轮总体积中所占的比例越小,砂轮的组织越紧密,气孔越小。( )

168. 如出现工件局部烧伤现象,应重新过滤冷却液或刷掉砂轮表面浮砂。( )

169. 刻度间距是指计量器具的刻度尺或分度盘上相邻两刻线所代表的量值之差。( )

170. 修正值与示值误差绝对值相等而符号相反。( )

171. 冷却不充分导致工件表面出现波纹时,必须将冷却液调为适当的压力,并进行充分的过滤,确保冷却液的冷却冲洗功能。( )

172. 残余应力对精密丝杠尺寸的影响表现为较长时期的缓慢作用。( )

173. 滚齿刀设计时,若沉割深度取值过小,会造成预加工齿形齿根沉割深度过浅,从而在磨齿时齿根产生台阶。( )

174. 前角的作用:使主切削刃锋利;影响切削刃强度。( )

175. 组合夹具的使用可减少产品的生产准备工作,缩短生产周期,增加生产费用。( )

176. 修整砂轮时要用大量切削液冲刷掉脱落的碎粒与粉尘,以免粉尘飞扬。( )

177. 大多数气动量仪在测量时所使用的压缩空气会使被测工件上残留的研磨颗粒或冷却剂难以清理。( )

178. 测量不确定度与测量准确度都是描述测量结果可靠性的参数。( )

179. 为了保证细长轴的加工精度,工件一定要垂吊,否则会因为工件本身的自重而使其产生弯曲。( )

180. 采用等步长直线逼近轮廓曲线时,每段拟合线的长度不一定相等。( )

181. 如果磨削热应力超过工件材料的强度,工件表面即会产生磨削烧伤。( )

182. 零件的工艺分析包括零件结构分析及技术要求分析。( )

183. 螺旋型振纹是由修整时砂轮与金刚石修整笔之间的振动引起的。( )

184. 在我国,超硬磨料如人造金钢石、立方氮化硼等,已广泛地应用于各种高硬度材料的磨削。( )

185. 工件的装夹只会影响加工质量,对生产率、加工成本及操作安全都没有直接影响。( )

186. 树脂磨具耐碱性、耐水性较差,易老化,一般有效存放期为一年。( )

187. 批量零件加工时,最好采用专用夹具以提高效率。( )

188. 砂轮的硬度是反映磨粒在磨削力的作用下从砂轮表面脱落的难易程度。( )

五、简 答 题

1. 简述箱体类零件的主要结构。
2. 列出三类以上的箱体零件。
3. 轴测图的定义是什么？轴测图的特性有哪些？
4. 如何用CAD画轴测图？
5. 视图选择应注意的问题有哪些？
6. 简述在方案比较中择优的原则。
7. 机械加工工艺规程包括哪些内容？
8. 选择表面加工方案时考虑的因素有哪些？
9. 什么是高速点磨削？
10. 数控机床的 X、Y、Z 坐标轴与运动方向如何确定？
11. 减少磨削振动的方法有哪些？
12. 简述砂带磨削加工技术的特点。
13. 高精度零件磨削加工方法分为几个阶段？
14. 简述尺寸精度为IT5～IT6、表面粗糙度为0.1～0.5 μm的零件加工方法。
15. 数控机床夹具与普通机床夹具有哪些不同点？
16. 简述组合夹具的定义。
17. 简述定位误差的组成。
18. 简述编程原点的确定。
19. 简述薄壁零件的装夹方法。
20. 简述工件装夹的方式。
21. 简述有机磨具的特点。
22. 简述螺旋测微器的使用。
23. 简述选择节点的计算方法。
24. 数控编程中手工编程的步骤有哪些？
25. 数控编程中手工编程的优点及缺点是什么？
26. 什么是用户宏程序？简要说明用户宏程序的适用范围及其优点。
27. 每月对磨床都应该进行哪些保养？
28. 简述数控磨床润滑的意义。
29. 确定数控磨床故障产生原因的方法有哪些？
30. 简述不同型号曲轴的磨削加工工艺。
31. 简述连杆颈随动磨削的工艺方法。
32. 简述万能外圆磨床加工各种典型表面所需运动。
33. 请简要的说明你对切削深度的理解。
34. 简述内孔加工时冷却液的使用。
35. 砂轮的形状和尺寸是根据磨削条件和工件形状来确定的，简述其原则。
36. 简要说明常用砂轮形状及其用途。
37. 简述周边磨削的特点。

38. 简要说明粒度定义及分类。
39. 简述齿轮磨削中降低磨削热的有效措施。
40. 齿轮磨削加工有何特点?
41. 在环境温度较高(如夏季)情况下进行磨削时应注意什么?
42. 测量误差按其性质可分为哪几类? 测量误差的主要来源有哪些?
43. 什么叫刻度间距? 分度值(刻度值)?
44. 什么叫示值范围? 示值误差? 示值误差与修正值有何区别?
45. 量规的通规除制造公差外,为什么要规定允许的最小磨损量与磨损极限?
46. 内、外螺纹中径是否合格的判断原则是什么?
47. 数控加工工件的过程中,误差来源有哪些?
48. 请分析闭环控制系统的误差来源。
49. 什么叫逼近误差? 在什么情况之下发生此误差?
50. 什么叫插补误差? 在什么情况之下发生此误差?
51. 什么叫圆整误差? 该误差占工件数控加工误差的比例是多少?
52. 什么叫程编误差? 该误差占工件数控加工误差的比例是多少?
53. 气动量仪都具备哪些优点?
54. 简述气动量仪的一般组成及功能。
55. 冷却液不充分会对工件产生怎样的伤害?
56. 内圆锥磨削中产生工件圆度超差的原因有哪些?
57. 分析磨削用量对表面质量的影响。
58. 什么叫周期误差?
59. 简要说明精密丝杠磨削时的热变形对加工精度的影响。
60. 简析实际留磨余量偏大对磨齿的影响。
61. 简析磨削工艺方面的原因对硬齿面齿轮磨削裂纹的影响。
62. 如何激活轴测投影模式?
63. 低压齿轮泵泄漏的途径有哪几条? 中高压齿轮泵常采用什么措施来提高工作压力?
64. 合理标注尺寸的基本原则是什么?
65. 前角的选取原则是什么?
66. 后角的定义是什么? 作用及选取原则是什么?
67. 工艺规程的作用是什么?
68. 各表面加工方法的选择依据有哪些?
69. 简述合理确定余量的意义。
70. 组合夹具的使用范围是什么?
71. 组合夹具的特点有哪些?
72. 简述提高切削用量的途径。
73. 简述划分加工阶段的意义。

六、综 合 题

1. 简述金属磨削过程的三个阶段。

2. 简述螺旋测微器原理。

3. 简要说明备件更换法需注意的事项。

4. 数控磨床装夹操作中注意事项有哪些?

5. 简述常用结合剂的性能及选用。

6. 某一测量范围为 0～25 mm 的外径千分尺,当活动测杆与固定测杆可靠接触时,其读数为＋0.02 mm,若用此千分尺测工件尺寸,读数为 10.95 mm,其修正后的测量结果是多少?

7. 简述影响磨削表面波纹度的因素。

8. 工件表面产生直波纹的原因有哪些?

9. 如何计算年生产纲领,确定生产类型?

10. 写出磨削力的分解公式(如图 6 所示)。

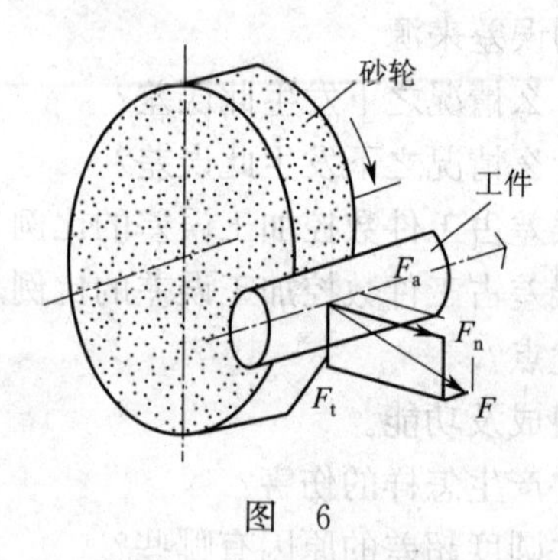

图 6

11. 生产中利用平面磨床进行零件的成型磨削,主要有几种方法?

12. 分析工件孔与定位心轴(或销)采用间隙配合时的定位误差。

13. 分析工件以平面定位时的定位误差。

14. 说明数控编程中 G00 和 G01 代码表示的含义。

15. 试分析电主轴常见故障的原因。

16. 举例说明丝锥的挤压锥角与靠模板的角度关系。

17. 深孔磨削加工后,工件如何处理?

18. 某孔尺寸为 ϕ40＋0.030 mm,轴线直线度公差为 ϕ0.005 mm,实测得其局部尺寸为 ϕ40.09 mm,轴线直线度误差为 ϕ0.003 mm,请回答下列问题:

(1)孔的最大实体尺寸是多少?

(2)最小实体尺寸是多少?

(3)作用尺寸是是多少?

19. 某孔尺寸为 ϕ40(＋0.119,＋0.030)mm,实测得其尺寸为 ϕ40.09 mm,请回答下列问题:

(1)其允许的形位误差数值是多少?

(2)当孔的尺寸为何值时允许达到的形位误差数值为最大?

20. 什么是数控机床坐标系? 怎样确定数控机床坐标系?

21. 什么是进给系统误差? 其来源主要有哪些?

22. 试述工艺系统受热变形引起的误差,并举例说明。

23. 工艺系统刚度变化对加工精度有何影响? 包括哪些主要内容?

24. 锥度磨削中产生磨削缺陷的主要因素有哪些?
25. 分析磨削细长轴上的外圆锥时磨削误差和缺陷产生的原因。
26. 分析丝杠磨削过程中产生渐近性全长累积误差的原因。
27. 精密丝杠的磨削方法有几种?各有哪些优、缺点?
28. 简述测量不确定度和测量准确度两者的异同点。
29. 试述万能角度尺的刻线原理。
30. 数控刀具磨削过程中应注意哪些事项?
31. 简要说明何为工序集中、工序分散,并叙述其特点。
32. 无心磨有哪两种方法?
33. 选择切削液时应注意什么问题?
34. 试述磨具在专用磨削加工中的应用。
35. 举例说明高精度磨削加工工艺方法。

数控磨工(高级工)答案

一、填 空 题

1. 投影线　2. 主视图(正视图)　3. 基本投影面　4. 尺寸基准
5. 机器或部件的组成　6. 变动量　7. 实际形状　8. 主要基准
9. 基孔　10. 轮廓算术平均偏差　11. 其余　12. 金属材料
13. 性能　14. 工艺性能　15. 白口铸铁　16. 组织结构
17. 平均含碳量的万分之几　18. 铬与腐蚀介质中的氧作用
19. 有色金属　20. 渗碳、淬火、低温回火　21. 非金属材料
22. 热轧退火(或正火)　23. 刀具、模具、量具　24. 抗氧化能力　25. 未淬火
26. 高弹性　27. 链传动　28. 刀具移动　29. 表面质量
30. 装配基准　31. 流动　32. 磨削加工的刀具　33. 砂轮代号
34. 人工磨料　35. 刀具与工件之间的相对运动　36. 切削要素
37. 量具　38. 精确度　39. 分度值　40. 测量杆移动
41. 自由度　42. 化学稳定性　43. 控制介质　44. 不相关的
45. 准备功能　46. POS 键　47. 盘、套、板类零件　48. 程序字
49. 地址符　50. 程序段号　51. 准备功能　52. 划线工具
53. 表面粗糙度和精度　54. 切削液　55. 内、外螺纹　56. 成型刀具
57. 棕绿橙金　58. 万能转换开关的型号　59. 低压熔断器
60. 最高挡　61. 电能与机械能或电能与电能相互转换　62. 灭弧方法
63. 接触到带电体　64. 表面锈蚀、磨损、变形　65. 机械伤害
66. 环境　67. 人类活动　68. 信息分析　69. 预见性
70. 产品要求　71. 圆角和倒角　72. 支承、包容、保护　73. 单面
74. 斜轴测图　75. 拆卸画法　76. 机械能—液压能—机械能
77. 零件　78. 一组视图、完整的尺寸、技术要求、标题栏
79. 前刀面、主后刀面、副后刀面、主切削刃、副切削刃、刀尖　80. 主后刀面
81. 工艺路线　82. 加工余量　83. 进给量　84. 磨削效率
85. 轮廓磨削　86. 轮廓形状　87. 零件　88. 粗、精
89. 系列化　90. 装夹稳定可靠　91. 试切法　92. 工序
93. 拉表法　94. 定位和夹紧　95. 抛光
96. 天然磨具和人造磨具　97. 三点法、两点法　98. 轮廓曲线的特性
99. 圆弧逼近插补法　100. 等步长法　101. 等误差法　102. G

103. F　104. EQ　105. ＞　106. 切断电源
107. 归类整理　108. 液压传动　109. 油性　110. 直观法
111. 关断电源　112. 正比　113. 切削速度　114. 夹撑刚度
115. 加工柔性　116. 端面外圆磨削　117. 烧结　118. 加工的精度
119. 一个工序内　120. 上岗证　121. 滚压　122. 磨具
123. 加工质量　124. 高效磨削　125. 平面磨削方法　126. 结合剂
127. 径向进给量　128. 磨削　129. 砂轮与工件表面
130. 砂轮　131. 4　132. 粗糙度标准样块
133. 实效尺寸　134. 测量单位　135. 机床受力变形　136. 柔性好
137. 运动模型误差　138. 圆整误差　139. 最大引用误差　140. 压电式
141. 多次试切削　142. 振动　143. 放大　144. 工件
145. 螺纹量规　146. 模块化　147. 自动采集数据
148. 19.998 mm　149. 工作原理　150. 垂直于　151. 相切并垂直于
152. 同时垂直于　153. 增大磨削宽度　154. 交变力　155. 冷态磨削
156. 精加工　157. 结合剂　158. 螺旋放大　159. 素线形状
160. 最小曲率半径　161. 人工　162. 高档型数控机床
163. 硬粒磨损　164. 液体　165. 重新设定或输入　166. 自激振动
167. 跟踪磨削　168. 主轴颈　169. 工件回转运动
170. 尾架套筒的伸缩移动　171. 自锐性　172. 擦净其定位基面
173. 轴线重合　174. 辅助支承　175. 放松　176. 空运转试验
177. 砂轮的硬度　178. 生产效率　179. 对刀装置　180. 成型磨削
181. 外力或热源　182. 径向振动　183. 帕斯卡　184. 微观几何形状
185. 波纹、烧伤　186. 锥端　187. 摩擦作用　188. 非接触式
189. 物理标准　190. 运动起点

二、单项选择题

1. C　2. D　3. B　4. B　5. C　6. D　7. D　8. C　9. B
10. A　11. C　12. C　13. C　14. C　15. A　16. D　17. C　18. A
19. C　20. C　21. A　22. D　23. D　24. C　25. D　26. D　27. A
28. A　29. C　30. D　31. D　32. B　33. D　34. B　35. A　36. D
37. A　38. D　39. B　40. C　41. D　42. D　43. A　44. C　45. D
46. B　47. D　48. A　49. D　50. C　51. B　52. A　53. D　54. C
55. D　56. D　57. C　58. D　59. A　60. D　61. A　62. D　63. C
64. B　65. A　66. D　67. D　68. C　69. B　70. D　71. C　72. C
73. A　74. A　75. B　76. A　77. A　78. C　79. A　80. C　81. B
82. A　83. A　84. B　85. B　86. A　87. C　88. C　89. B　90. B
91. A　92. C　93. C　94. A　95. C　96. B　97. B　98. D　99. B

100. A 101. B 102. C 103. A 104. D 105. C 106. D 107. A 108. C
109. B 110. C 111. B 112. B 113. C 114. A 115. C 116. B 117. D
118. D 119. D 120. D 121. C 122. A 123. D 124. B 125. B 126. D
127. C 128. C 129. B 130. D 131. C 132. B 133. B 134. B 135. B
136. A 137. B 138. C 139. A 140. C 141. D 142. B 143. B 144. C
145. C 146. A 147. B 148. C 149. B 150. D 151. C 152. A 153. A
154. A 155. B 156. D 157. B 158. D 159. B 160. C 161. C 162. A
163. B 164. A 165. B 166. D 167. B 168. B 169. A 170. B 171. C
172. B 173. C 174. A 175. C 176. B 177. A 178. A 179. B 180. A

三、多项选择题

1. BC 2. ACD 3. ACD 4. ABCD 5. ACD 6. ABC 7. ABC
8. ABC 9. ABD 10. BCD 11. BCD 12. ACD 13. BD 14. ABC
15. BC 16. CD 17. ABC 18. AB 19. CD 20. ABC 21. BCD
22. BCD 23. CD 24. ABCD 25. AC 26. ABC 27. AB 28. ABCD
29. ABD 30. ACD 31. CD 32. BCD 33. BCD 34. ABD 35. AC
36. ABC 37. ABC 38. ABC 39. BCD 40. ACD 41. ABCD 42. ACD
43. AB 44. ACD 45. BCD 46. AD 47. ACD 48. BCD 49. ABC
50. ACD 51. ABD 52. AD 53. AC 54. ABC 55. AB 56. ABC
57. ACD 58. ABC 59. CD 60. ACD 61. ABC 62. ACDE 63. ABC
64. ACD 65. ABC 66. ABD 67. ABD 68. ABD 69. ABCD 70. BD
71. AD 72. ABCD 73. ABCD 74. ABC 75. BC 76. ABCD 77. ABCD
78. ABCD 79. ABCD 80. ABC 81. AC 82. ABCD 83. ABD 84. ABCD
85. ABCD 86. ACD 87. ACD 88. ABD 89. ACD 90. ABD 91. AC
92. ABC 93. ABD 94. ABD 95. AD 96. ABCD 97. ABCD 98. BCD
99. ABD 100. ABD 101. ABCD 102. ABCD 103. ABCD 104. ABCD 105. ABCD
106. AC 107. BCD 108. ABC 109. ABC 110. ABC 111. AC 112. ABC
113. ACD 114. ABD 115. BCD 116. ABCD 117. AB 118. ABD 119. BC
120. AC 121. AB 122. ABC 123. ADE 124. BCD 125. ABD 126. ABC
127. ABCDE 128. ABCD 129. ABC 130. ABC 131. ACD 132. ABCD 133. AB
134. ABCD 135. BCD 136. ABD 137. AC 138. BCD 139. ABD 140. ABD
141. ABCD 142. BCD 143. ABCD 144. ABCD 145. ABCD 146. ABCD 147. CD
148. AB 149. AC 150. ABCD 151. ABCD 152. ABCD 153. BCD 154. ABCD
155. BCD 156. ABCD 157. BCD 158. ABCD 159. ABD 160. BCD 161. ABCD
162. ABCD 163. BC 164. ABCD 165. ABCD 166. AC 167. ABCD 168. AB
169. ABCD 170. ABCD 171. BCD 172. ABC 173. CD 174. ACD 175. ABC
176. ABCD 177. ABCD 178. ABCD 179. ABCD 180. ABD 181. ABCD 182. ABCD
183. ABCD 184. ABCD 185. BC

四、判 断 题

1. √ 2. × 3. × 4. √ 5. × 6. √ 7. √ 8. √ 9. ×
10. × 11. √ 12. √ 13. √ 14. × 15. √ 16. √ 17. √ 18. ×
19. × 20. √ 21. √ 22. × 23. √ 24. × 25. √ 26. √ 27. ×
28. × 29. √ 30. × 31. √ 32. √ 33. √ 34. √ 35. √ 36. √
37. × 38. √ 39. √ 40. × 41. √ 42. √ 43. √ 44. √ 45. √
46. × 47. √ 48. √ 49. √ 50. √ 51. √ 52. √ 53. √ 54. √
55. × 56. √ 57. × 58. √ 59. √ 60. √ 61. × 62. √ 63. √
64. √ 65. √ 66. × 67. √ 68. √ 69. √ 70. √ 71. √ 72. √
73. √ 74. √ 75. √ 76. √ 77. √ 78. √ 79. √ 80. √ 81. √
82. √ 83. √ 84. × 85. × 86. √ 87. √ 88. √ 89. √ 90. √
91. √ 92. √ 93. √ 94. √ 95. √ 96. √ 97. √ 98. √ 99. √
100. √ 101. √ 102. √ 103. √ 104. √ 105. √ 106. × 107. × 108. √
109. × 110. √ 111. √ 112. × 113. √ 114. √ 115. √ 116. × 117. ×
118. √ 119. √ 120. × 121. √ 122. × 123. × 124. × 125. × 126. √
127. √ 128. √ 129. × 130. × 131. × 132. √ 133. √ 134. √ 135. ×
136. √ 137. √ 138. √ 139. × 140. √ 141. √ 142. × 143. √ 144. √
145. √ 146. × 147. × 148. √ 149. √ 150. √ 151. √ 152. × 153. √
154. √ 155. × 156. √ 157. × 158. × 159. √ 160. √ 161. √ 162. √
163. × 164. √ 165. × 166. × 167. × 168. × 169. × 170. √ 171. √
172. √ 173. √ 174. √ 175. × 176. √ 177. × 178. √ 179. √ 180. ×
181. × 182. √ 183. √ 184. √ 185. × 186. √ 187. √ 188. √

五、简 答 题

1. 答:箱体类零件的内外形均较复杂,主要结构是由均匀的薄壁围成不同形状的空腔,空腔壁上还有多方向的孔,以达到容纳和支承的作用。具有加强筋、铸造圆角、拔模斜度等常见结构(5 分)。

2. 答:减速器箱体、阀体、泵体等都属于箱体类零件(5 分)。

3. 答:用平行投影法将物体连同确定该物体的直角坐标系一起沿不平行于任一坐标平面的方向投射到一个投影面上所得到的图形,称作轴测图(2 分)。其特性:(1)相互平行的两直线,其投影仍保持平行(1.5 分);(2)空间平行于某坐标轴的线段,其投影长度等于该坐标轴的轴向伸缩系数与线段长度的乘积(1.5 分)。

4. 答:在 AutoCAD 命令行中输入 DS,回车后点捕捉和栅格→捕捉类型→等轴测捕捉→确定。点极轴追踪→启用极轴追踪,增量角 30°→确定。点启用对象捕捉→确定。点启用对象捕捉追踪→确定。回到绘图区域,按“F8”打开正交模式在命令行中输入 L(直线命令,开始绘制),会看到方向受到限制,可以按“F5”在三个面之间切换(5 分)。

5. 答:(1)优先选用基本视图(1 分);(2)兼顾零件内、外结构形状的表达,内形复杂的可取全剖;内外形需兼顾,且不影响清楚表达时可取局部剖(2 分);(3)尽量不用虚线表示零件的轮廓线,但用少量虚线可节省视图数量而又不在虚线上标注尺寸时,可适当采用虚线(2 分)。

6. 答:(1)在零件的结构形状表达清楚的基础上,视图的数量越少越好(2.5分);(2)避免不必要的细节重复(2.5分)。

7. 答:工件加工的工艺路线(1分)、各工序的具体内容及所用的设备和工装设备(1分)、工件的检验项目及检验方法(1分)、切削用量(1分)、时间定额(1分)等。

8. 答:(1)选择能获得相应经济精度的加工方法(1分);(2)零件材料的可加工性能(1分);(3)工件的结构形状和尺寸大小(1分);(4)生产类型(1分);(5)现有生产条件(1分)。

9. 答:高速点磨削是使砂轮的轴线和工件轴线在水平面内形成一个很小的倾角,这样砂轮和工件在理论上成为点接触,这不但减少了磨削接触区的面积,也不存在磨削封闭区,有利于磨削液注入到磨削区。由于磨削接触区小,切削力也减小,减少了磨削产生振动的可能性,使磨削变得更平稳(5分)。

10. 答:Z 坐标轴:Z 轴是首先要确定的坐标轴,是机床上提供切削力的主轴轴线方向,如果一台机床有几个主轴,则制定常用的主轴为 Z 轴(2分)。X 坐标轴:X 轴通常是水平的,且平行于工件装夹表面,它平行于主要的切削方向,而且以此方向为正方向(1分)。Y 坐标轴:Z 轴和 X 轴确定后,根据笛卡尔坐标系,与它们互相垂直的轴便是 Y 轴(1分)。机床某一部件运动的方向是增大工件和刀具之间距离的方向(1分)。

11. 答:(1)改善磨料磨具性能,选择与工件材料相适应的磨具,并进行严格的静、动平衡(1.5分);(2)增加机床刚性,增大阻尼(1分);(3)调整磨削用量,降低工件速度和切入深度(1分);(4)增加清火花磨削行程,以消除工件上已经存在的振纹(1.5分)。

12. 答:(1)砂带磨削是一种弹性磨削,是一种具有磨削、研磨、抛光多种作用的复合加工工艺(1.5分);(2)砂带上的磨粒比砂轮磨粒具有更强的切削能力,所以其磨削效率非常高(1分);(3)砂带磨削工件表面质量高,相对砂轮磨削而言,砂带磨削温度低,工件表面不易出现烧伤等现象(1.5分);(4)砂带磨削系统振动小且稳定性好(1分)。

13. 答:要求精度高的机械零件的加工方法一般分为粗磨、半精磨、精磨、精密磨、超精磨五个阶段。磨削加工一般是属于零件的后道工序,即零件的精加工。因此零件的尺寸精度和相关面的位置精度以及有关表示的形状精度和表面粗糙度,都要在磨削中得到最后控制和保证(5分)。

14. 答:尺寸精度为IT5～IT6、表面粗糙度为0.1～0.5 μm时,一般要经过粗磨、半精磨、精磨、高精度磨削加工。磨削加工所用的机床除特殊机床外,一般采用通用工艺装备,以降低生产成本取得良好的经济效果,成批大量生产时,可以根据零件的加工精度和技术要求,尽量采用专用夹具、专用量具,以满足高生产率的要求(5分)。

15. 答:数控夹具机构上一般不设置导向装置和元件,不设置对刀调整装置,夹具一般设计得比较紧凑(5分)。

16. 答:组合夹具是在机床夹具零部件标准化的基础上,由一整套预先制造好的,具有各种不同形状、不同规格尺寸的标准化元件和合件,按照组合化的原理,针对工件的加工要求组装成各种专用夹具(5分)。

17. 答:定位基准与工序基准不一致所引起的定位误差,称基准不重合误差,即工序基准相对定位基准在加工尺寸方向上的最大变动量,以 $\Delta_{不}$ 表示(2.5分)。定位基准面和定位元件本身的制造误差所引起的定位误差,称基准位置误差,即定位基准的相对位置在加工尺寸方向上的最大变动量(2.5分)。

18. 答:(1)XY 平面找正:使用百分表寻找程序原点,使用离心式寻边器进行找正(2.5 分);(2)Z 坐标找正(2.5 分)。

19. 答:(1)增加装夹接触面积,使用开缝套筒装夹薄壁零件(1 分);(2)使用特制的软卡爪装夹薄壁零件(1 分);(3)改变夹紧方向,采用轴向夹紧,夹紧力点均匀分布(1 分);(4)增加工艺肋,在零件需要装夹的部分,特制几根工艺肋,使夹紧力作用在工艺肋上(2 分)。

20. 答:(1)悬臂支撑方式(1 分);(2)两端支撑方式(1 分);(3)桥式支撑方式(0.5 分);(4)板式支撑方式(0.5 分);(5)复式支撑方式(1 分);(6)磁性夹具(0.5 分);(7)分度夹(0.5 分)。

21. 答:(1)结合强度高(0.5 分);(2)具有一定的弹性(0.5 分);(3)能制成各种复杂形状和特殊要求的磨具(1 分);(4)适用范围广(1 分);(5)有利于防止被磨削工件产生烧伤(1 分);(6)树脂磨具硬化温度低,生产周期短,设备简单(1 分)。

22. 答:测量时,当小砧和测微螺杆并拢时,可动刻度的零点若恰好与固定刻度的零点重合,旋出测微螺杆,并使小砧和测微螺杆的面正好接触待测长度的两端,那么测微螺杆向右移动的距离就是所测的长度。这个距离的整毫米数从固定刻度上读出,小数部分则从可动刻度读出(5 分)。

23. 答:若轮廓曲线的曲率变化不大,可采用等步长法计算插补节点(1.5 分)。若轮廓曲线的曲率变化较大,可采用等误差法计算插补节点(1.5 分)。当加工精度要求较高时,可采用逼近程度较高的圆弧逼近插补法计算插补节点(2 分)。

24. 答:(1)人工完成零件加工的数控工艺(1 分);(2)分析零件图纸(0.5 分);(3)制定工艺决策(0.5 分);(4)确定加工路线(0.5 分);(5)选择工艺参数(0.5 分);(6)计算刀位轨迹坐标数据(0.5 分);(7)编写数控加工程序单(0.5 分);(8)验证程序(0.5 分);(9)手工编程(0.5 分)。

25. 答:优点:主要用于点位加工(如钻、铰孔)或几何形状简单(如平面、方形槽)零件的加工,计算量小,程序段数有限,编程直观易于实现等情况(2.5 分)。缺点:对于具有空间自由曲面、复杂型腔的零件,刀具轨迹数据计算相当繁琐,工作量大,极易出错,且很难校对,有些甚至根本无法完成(2.5 分)。

26. 答:用户宏程序是能完成某一功能的一系列指令,像子程序那样存入存储器,用一个总指令来执行它们,使用时只需要给出这个总指令就能执行其功能(2 分)。用户宏程序指令适合抛物线、椭圆、双曲线等没有插补指令的曲线编程。用户宏程序适用于图形一样、只是尺寸不同的系列零件的编程;适用于工艺路径一样、只是位置参数不同的系列零件的编程(2 分)。其优点:较大地简化编程;扩展应用范围(1 分)。

27. 答:(1)检查各按钮及限位开关有无松动、异常,动作是否正常(1 分);(2)清洁配电箱内的灰尘,检查各电器元件及线路连接件有无松动并调整(2 分);(3)检查电动机皮带张力,并予以调整或更换(1 分);(4)清洗机油滤清器或更换(6 个月)(1 分);

28. 答:(1)降低摩擦(1 分);(2)减低磨损(1 分);(3)冷却摩擦表面(0.5 分);(4)冲洗(0.5 分);(5)密封(0.5 分);(6)传递动力(0.5 分);(7)缓冲防震(0.5 分);(8)防锈防腐蚀(0.5 分)。

29. 答:(1)直观法(0.5 分);(2)利用数控系统的硬件报警功能(1 分);(3)利用状态显示的诊断功能(1 分);(4)发生故障时应及时核对数控系统参数(1 分);(5)备件更换法(0.5 分);

(6)利用电路板上的检测端子(1分)。

30. 答:采用跟踪磨削工艺能十分容易实现曲轴种类不同型号曲轴的磨削加工:在相同轴颈宽度的条件下,在这样的磨床上,可以通过不同的冲程高度来实现对以180°、72°和120°分布的4、5和6缸曲轴不同数量的连杆颈进行磨削加工,而不需要进行任何机械调整(5分)。

31. 答:在对连杆颈进行随动磨削时,曲轴以主轴颈为轴线进行旋转,并在一次装夹下磨削所有连杆颈。在磨削过程中,磨头实现往复摆动进给,跟踪着偏心回转的连杆颈进行磨削加工。要实现随动磨削,X 轴除了必须具有高的动态性能外,还必须具有足够的跟踪精度,以确保连杆颈所要求的形状公差(5分)。

32. 答:(1)磨外圆砂轮的旋转运动 $n_{砂}$(1分);(2)磨内孔砂轮的旋转运动 $n_{内}$(1分);(3)工件旋转运动 $f_{周}$(1分);(4)工件纵向往复运动 $f_{纵}$(1分);(5)砂轮横向进给运动 $f_{横}$(1分)。

33. 答:切削深度 a_p:在机床、工件和刀具刚度允许的情况下,a_p就等于加工余量,这是提高生产率的一个有效措施。为了保证零件的加工精度和表面粗糙度,一般应留一定的余量进行精加工。数控机床的精加工余量可略小于普通机床(5分)。

34. 答:当工件表面刚与砂轮接触时,可听到连续的吱吱声,工件表面的水迹可被旋转的砂轮带走,同时可见到微弱的火花,此时即可加冷却液。冷却液宜选用浓度稍高的皂化液,使用前必须经过严格的清洁过滤(5分)。

35. 答:(1)在可能的条件下,在安全线速度范围内,砂轮外径宜选大一些,以提高生产率和降低工件表面粗糙度值(2分);(2)纵磨时,应选用较宽的砂轮(1.5分);(3)磨削内圆时,砂轮外径一般取工件孔径的三分之二左右(1.5分)。

36. 答:(1)平形砂轮:根据不同尺寸分别用于外圆磨、内圆磨、平面磨、无心磨、工具磨、螺纹磨和砂轮机上(2分);(2)筒形砂轮:用于立式平面磨床上(1分);(3)碗形砂轮:通常用于刃磨刀具,也可用于导轨磨上磨机床导轨(1分);(4)碟形一号砂轮:适于磨铣刀、铰刀、拉刀等,大尺寸的一般用于磨齿轮(1分)。

37. 答:砂轮与工件的接触面积小,磨削时冷却和排屑条件较好,产生的磨削力和磨削热也较小,能减少工件受热所产生的变形,有利于提高工件的磨削精度,适用于精磨各种工件的平面,平面度误差能控制在0.01~0.02 mm/1 000 mm,表面粗糙度可达0.2~0.8 μm。但由于不磨削时要用间断的横向进给来完成工件表面的磨削,所以生产效率低(5分)。

38. 答:粒度是指磨料颗粒尺寸的大小(1分)。粒度分为磨粒和微粉两类。对于颗粒尺寸大于40 μm的磨料,称为磨粒(2分)。对于颗粒尺寸小于40 μm的磨粒,称为微粉(2分)。

39. 答:降低磨削热的有效措施是减小径向进给量,选用较软的砂轮和减少工件与砂轮的接触面积(2.5分)。另一方面是加大切削液流量和采用冷却效果好的喷雾冷却、高压冷却等,加速热量的传出,以降低磨削温度(2.5分)。

40. 答:(1)切削刃不规则(1分);(2)切削厚度薄(0.5分);(3)磨削速度高(0.5分);(4)磨削温度高(0.5分);(5)法向磨削力大于切向磨削力(1分);(6)磨削功率大(0.5分)。

41. 答:在环境温度较高(如夏季)情况下进行磨削时,机床照明灯不宜靠近工件,以防止工件受热膨胀而影响磨削质量(5分)。

42. 答:(1)测量误差按其性质,可分为系统误差、随机误差和粗大误差(3分)。(2)测量误差的主要来源:①计量器具误差;②标准件误差;③测量方法误差;④测量环境误差;⑤人员误差(2 分)。

43. 答:刻度间距是指计量器具的刻度标尺或分度盘上两相邻刻线中心之间的距离,一般为 1~2.5 mm(2.5 分)。分度值(刻度值)是指计量器具的刻度尺或分度盘上相邻两刻线所代表的量值之差(2.5 分)。

44. 答:示值范围是指计量器具所显示或指示的最小值到最大值的范围(2 分)。示值误差是指计量器具上的示值与被测量真值的代数差(2 分);而修正值是指为消除系统误差,用代数法加到未修正的测量结果上的值。修正值与示值误差绝对值相等而符号相反(1 分)。

45. 答:因为通规在使用过程中经常要通过工件,因而会逐渐磨损。为了使通规具有一定的使用寿命,除制定制造量规的尺寸公差外,还规定了允许的最小磨损量,使通规公差带从最大实体尺寸向工件公差带内缩小一个距离。当通规磨损到最大实体尺寸时就不能继续使用,此极限称为通规的磨损极限(5 分)。

46. 答:判断螺纹中径合格性的准则应遵循泰勒原则,即螺纹的作用中径不能超越最大实体牙型的中径(2.5 分);任意位置的实际中径(单一中径)不能超越最小实体牙型的中径(2.5 分)。

47. 答:在数控加工工件的过程中,误差来源可分两大类:第一类误差是程序编制过程中产生的误差(2.5 分);第二类是参与加工的整个工艺系统(包括数控机床、刀具、夹具和毛坯)中引起的(2.5 分)。

48. 答:闭环控制系统的误差来源:(1)检测装置本身的制造误差(1 分);(2)安装检测装置时引起的安装误差(1 分);(3)检测装置绕组供电误差(1 分);(4)由于机床零件和机构的误差,使得检测装置在检测过程中出现误差,从而造成测量值失真(2 分)。

49. 答:如果零件的原始轮廓形状用列表曲线表示,那么当采用近似方程式去逼近列表曲线时,则方程式所表示的形状与零件的原始轮廓形状间必有差值,即为逼近误差(3 分)。此误差的出现发生在用列表曲线表示零件轮廓形状的情况之下(2 分)。

50. 答:在数控系统中,所用的插补方法是有所不同的。当数控加工零件时,可以用直线或圆弧逼近零件轮廓。当用直线或圆弧逼近零件轮廓曲线时,逼近曲线与实际原始轮廓曲线之间的最大差值,即为插补误差(3 分)。此误差出现在零件轮廓曲线的几何要素或列表曲线的逼近方程式曲线与数控装置的插补功能不同的情况之下(2 分)。

51. 答:圆整误差是把零件几何尺寸参数计算时圆整到一个脉冲当量而引起的误差(3 分),它一般不会超过脉冲当量的一半(2 分)。

52. 答:程编误差是程序编制中产生的误差(2 分)。程编误差允许占有工件数控加工误差,但比例很小,一般取程编误差=(1/10~1/5)数控加工误差(3 分)。所以合理选择程编误差是程序编制的重要问题之一。

53. 答:气动量仪由于其本身具备很多优点,所以在机械制造行业得到了广泛的应用。其优点如下:(1)测量项目多(1 分);(2)量仪的放大倍数较高(1 分);(3)操作方法简单,读数容易(1 分);(4)实现测量头与被测表面不直接接触(1 分);(5)结构简单,工作可靠,调整、使用和维修都十分方便(1 分)。

54. 答:气动量仪一般由量仪本体(浮标式气动量仪、指针式气动量仪或电子式气动量仪)和测量装置(也称气动测量头)两部分组成(2 分)。同一台气动量仪本体,只要配上不同的气动测量头,就能测量工件各种各样的参数,例如:长度、厚度、槽宽、内孔直径、外圆直径、两孔中心距、轴心线直线度、圆度、同轴度、垂直度、平面度等(3分)。

55. 答:冷却液不充分不能在磨削区域起到良好的清洗作用,冲走磨屑和脱落的砂粒,细微的磨屑镶嵌在砂轮空隙中,破坏了砂轮的微刃性,降低了砂轮的磨削性能,并容易划伤工件表面(5分)。

56. 答:(1)工艺方面:工件夹得太紧产生变形;夹具夹紧点的位置不当,薄壁套的磨削装夹不好(2分)。(2)机床方面:主要是头架轴承及磨头轴承松动或磨损(1.5分)。(3)工件方面:工件本身不平衡,以外圆为基准磨削内圆锥时外圆精度不够(1.5分)。

57. 答:(1)工作台纵向移动速度和工件转速过高,会使工件表面产生螺旋线(2.5分);(2)横向进给量过大会使表面产生螺旋线、表面烧伤等缺陷(2.5分)。

58. 答:所谓周期误差,对梯形螺纹丝杠是指任意2π弧度内的螺旋线轴向误差,对滚珠丝杠是指2π弧度内的行程变动量(5分)。

59. 答:由于精密丝杠热变形的不均匀性和非线性特征,其热变形误差的大小随加工过程而变化,通过磨削机理分析及试验结果得出:随着磨削深度、工件速度的增加,丝杠表面温度升高,从而导致丝杠表面形貌恶化,表面粗糙度值增大(5分)。

60. 答:由于预计到热处理变形较大而加大齿形滚齿时的留磨余量,或是由于齿轮渗碳淬火后尺寸胀大,使得实际留磨余量大于磨前滚刀设计时给定的留磨余量,会造成预加工齿形切深减小,致使沉割起始点的位置上移,使得磨前预加工出的齿根与磨齿后的最终齿形的相对位置发生变化,齿根突出而产生台阶(5分)。

61. 答:(1)磨齿余量大,会产生过多的磨削热引起热应力、组织应力的增加并与磨削拉应力加在一起,增加裂纹倾向(2分);(2)切削用量搭配不合理(1分);(3)砂轮选择不当(1分);(4)冷却液温度过高或冷却液不充足(1分)。

62. 答:方法一:工具→草图设置、捕捉和栅格→捕捉业型和样式:等轴测捕捉→确定,激活(2.5分)。

方法二:在命令提示符下输入 snap→样式:s→等轴测:i→输入垂直间距:1→激活完成(2.5分)。

63. 答:低压齿轮泵泄漏有三条途径:一是齿轮端面与前后端盖间的端面间隙(1分);二是齿顶与泵体内壁间的径向间隙(1分);三是两齿轮啮合处的啮合线的缝隙(1分)。中高压齿轮泵常采用端面间隙能自动补偿的结构,如:浮动轴套结构、浮动(或弹性)侧板结构等(2分)。

64. 答:(1)正确的选择基准(1分);(2)重要的尺寸直接注出(1分);(3)应尽量符合加工顺序(1分);(4)应考虑测量方便(1分);(5)同一个方向只能有一个非加工面和加工面联系(1分)。

65. 答:(1)工件材料:塑性材料,大前角;脆性材料,小前角。强度、硬度低,大前角;否则选择小前角(2分)。(2)刀具材料:高速钢,大前角;硬质合金,小前角(2分)。(3)加工性质:精加工,大前角;粗加工,小前角(1分)。

66. 答:在正交平面内,切削平面与主后刀面之间的夹角,称为后角(2分)。作用:减少刀具主后刀面与工件之间的摩擦;减少刀具后刀面的磨损(2分)。选取原则:精加工,大后角;粗加工,小后角(1分)。

67. 答:(1)组织车间生产的主要技术文件(1.5分);(2)生产准备和计划调度的主要依据(1.5分);(3)新建和扩建工厂、车间的基本技术文件(2分)。

68. 答:(1)零件材料性质及热处理要求(1分);(2)零件加工表面的尺寸公差等级和表面粗糙度(1分);(3)零件加工表面的位置度要求(1分);(4)零件的形状与尺寸(1分);(5)生产类型(0.5分);(6)具体生产条件(0.5分)。

69. 答:(1)余量过大:增加了劳动量,最耐磨的表面金属层被切除(2分);(2)余量过小:毛坯或上道工序的缺陷去不了(2分);(3)精加工余量要合理,否则增加时间、破坏精度(1分)。

70. 答:组合夹具的使用范围十分广泛,最适合于品种多、产品变化快、新产品试制和单件小批量生产等场合,在批量生产中也可利用组合夹具代替临时短缺的专用夹具,以满足生产要求。用组合夹具元件可以组装成各类机床夹具。数控机床和柔性制造单元的出现,更加推动了组合夹具技术的进步,扩大了组合夹具的应用范围(5分)。

71.(1)答:(1)灵活多变,适应范围广,可大大缩短生产准备周期(2分);(2)可节省大量人力、物力,减少金属材料的消耗(2分);(3)可大大减少存放专用夹具的库房面积,简化管理工作(1分)。

72. 答:(1)采用切削性能更好的新型刀具材料(1.5分);(2)在保证工件机械性能的前提下,改善工件材料加工性(1.5分);(3)改善冷却润滑条件(1分);(4)改进刀具结构,提高刀具制造质量(1分)。

73. 答:(1)有利于保证加工质量(1分);(2)能合理使用设备(1分);(3)便于安排热处理工序(1分);(4)及时发现毛坯缺陷(1分);(5)保护精加工后的高精度表面(1分)。

六、综 合 题

1. 答:金属磨削的实质是工件被磨削的金属表层在无数磨粒瞬间的挤压、切削、摩擦作用下产生变形而后转为磨屑,并形成光洁加工表面的过程(1分)。金属磨削过程可分为三个阶段:砂轮表面的磨粒与工件材料接触瞬间为弹性变形的第一阶段(3分);磨粒继续切入工件,工件材料进入塑性变形的第二阶段(3分);材料的晶粒发生滑移,使塑性变形不断增大,当磨削力达到工件的强度极限时,被磨削层材料产生挤裂,即进入第三阶段(3分);最后被切离。

2. 答:螺旋测微器是依据螺旋放大的原理制成的,即螺杆在螺母中旋转一周,螺杆便沿着旋转轴线方向前进或后退一个螺距的距离。因此,沿轴线方向移动的微小距离,就能用圆周上的读数表示出来。螺旋测微器的精密螺纹的螺距是0.5 mm,可动刻度有50个等分刻度,可动刻度旋转一周,测微螺杆可前进或后退0.5 mm,因此旋转每个小分度相当于测微螺杆前进或后退0.01 mm(0.5/50)。可见,可动刻度每一小分度表示0.01 mm,所以以螺旋测微器可准确到0.01 mm。由于还能再估读一位,可读到毫米的千分位,故又名千分尺(10分)。

3. 答:当对机床故障进行分析发现可能是电路板有故障时,就可用备件板进行更换,则可迅速确定故障电路板。用此方法时需注意到下述两点:(1)要注意电路板上各可调开关的位置,在换板时应注意使被交换的两块电路板的设定状态要完全一致,否则将使系统处于不稳定或不是最佳状态,甚至出现报警(5分);(2)更换某些电路板(如CCU板)之后,需对机床的参数和程序进行重新设定或输入等(5分)。

4. 答:(1)按照图纸要求确认毛胚材料(1分);(2)根据工艺要求选择合适的装夹方式、装夹顺序,根据需要选择等高垫铁(2分);(3)装夹时应将机床工作台面清理干净,工件毛刺用油石除净(2 分);(4)工件在工作台上摆放的位置应居中(避免超程、旋转时发生碰撞)(1.5 分);(5)压板的位置、高度不能影响加工,不能与刀具发生碰撞(1.5 分);(6)需要二次装夹的工件应保证后续加工有基准(1 分);(7)卧式机床装夹时应在工件背面加装挡铁(1 分)。

5. 答:(1)陶瓷性能:耐热、耐蚀、气孔多、易保持廓形、弹性差;应用范围:最常用、适用于各类磨削(2.5 分)。(2)树脂性能:弹性好、强度较陶瓷高、耐热性差;应用范围:适用于高速磨削、切断、开槽(2.5 分)。(3)橡胶性能:弹性更好、强度更高、气孔少、耐热性差;应用范围:适用于切断、开槽及作无心磨的导轮(2.5 分)。(4)金属性能:强度最高、导电性好、磨耗少、自锐性差;应用范围:适用于金刚石砂轮(2.5 分)。

6. 答:因示值误差为+0.02 mm,则其修正值为-0.02 mm。修正后的测量结果是:10.95+(-0.02)=10.93 mm(10 分)。

7. 答:(1)砂轮因素的影响:砂轮表面特性的变化;砂轮不平衡;砂轮变钝(2 分)。(2)工件因素的影响:工件的弯曲变形;工件的形状不规则;工件的表面不连续(2 分)。(3)操作方法的影响:磨床深度和进给过大;冷却液不够充分(2 分)。(4)设备因素的影响:砂轮主轴间隙过大造成不稳定,引起主轴的径向振动(2 分)。(5)尾座间隙过大的影响(1 分)。(6)油压、油温的影响(1 分)。

8. 答:(1)机床头架轴承松动(1 分);(2)机床头架轴承磨损(1 分);(3)磨头装配及调整精度差,应调整磨头轴承间隙使其达到精度要求,或适当增加轴承的预加负荷(2 分);(4)砂轮与工件的接触长度过大而引起振动(2 分);(5)砂轮不锋利(1 分);(6)砂轮不平衡引起振动(1 分);(7)接长轴长而细、刚性差,应提高接长轴的刚性,磨小孔时可采用硬质合金刀杆(2 分)。

9. 答:年生产纲领计算公式:$N=Qn(1+a\%+b\%)$。式中,N 为零件的年生产纲领,件/年;Q 为产品的年生产纲领,台/年;n 为每台产品中该零件的数量;a 为备料的百分率;b 为废品百分率(6 分)。生产类型——单件生产、批量生产、大量生产(4 分)。

10. 答:磨削力公式:$F=F_n+F_t+F_a$。式中,F_n为法向磨削力,F_t为切向磨削力;F_a为轴向磨削力(10 分)。

11. 答:主要有两种方法:一种是利用修整后的成型砂轮磨削,另一种则是由专用夹具进行磨削。利用成型砂轮来磨削凸模:把砂轮修整成与工件型面完全吻合的反型面,然后再以此砂轮对工件进行磨削,使其获得所需的形状(5 分)。利用夹具磨削:在对工件磨削时,可以使工件按照一定条件装夹在专用夹具上,在加工过程中,固定或不断改变位置进行磨削而获得所需的形状。通常用的磨削夹具有:精密平口钳、正弦磁力台、正弦分度夹具、万能夹具、旋转磁力台和中心孔夹板等。这种磨削方法,一般在平面磨床上进行(5 分)。

12. 答:若基准不重合误差以 $\Delta_{不}$ 表示,基准位置误差以 $\Delta_{基}$ 表示,定位误差以 $\Delta_{定}$ 表示,则:$\Delta_{定}=\Delta_{不}+\Delta_{基}$(4 分)。

(1)心轴(或定位销)垂直放置,按最大孔和最小轴求得孔中心线位置的变动量为:

$$\Delta_{基}=\delta_D+\delta_d+\Delta_{min}=\Delta_{max}\quad(最大间隙)(3分)$$

(2)心轴(或定位销)水平放置,孔中心线的最大变动量(在铅垂方向上)即为 $\Delta_{定}$。

$$\Delta_{基}=1/2(\delta_D+\delta_d+\Delta_{min})=\Delta_{max}/2$$

$$或\ \Delta_{基}=(D_{max}/2)-(d_{min}/2)=\Delta_{max}/2\quad(3分)$$

13. 答:基准不重合误差以 $\Delta_{不}$ 表示,基准位置误差以 $\Delta_{基}$ 表示,定位误差以 $\Delta_{定}$ 表示。

因为平面易加工平整、接触良好,所以 $\Delta_{基}=0$,$\Delta_{定}=\Delta_{不}$(10 分)。(注:若为毛坯面,则仍有 $\Delta_{基}$)

14. 答:G00 运动轨迹有直线和折线两种,该指令只是用于点定位,不能用于切削加工(5 分)。G01 按指定进给速度以直线运动方式运动到指令指定的目标点,一般用于切削加工(5 分)。

15. 答:从主轴结构、控制方式及其使用要求不难看出,电主轴的故障主要分为两大类。一类是机械故障,具体表现有:(1)电主轴振动;(2)电主轴连续工作一段时间严重发热;(3)电主轴转矩不足,进给时电主轴转速降低;(4)其他机械方面的故障(5 分)。另一类是电气故障,具体表现有:(1)没有模拟信号;(2)运行中出现过压过流现象;(3)运行中电主轴线圈绕组三相电流不平衡;(4)其他电气方面的故障(5 分)。

16. 答:丝锥的挤压锥角与靠模板的角度存在如下关系(10 分):

$$\tan f = i\ \tan\alpha$$

式中 f——锥度靠模板的工作斜角;

α——丝锥的挤压锥角;

i——螺纹磨床螺纹机构的传动比。

例如:常用挤压丝锥圆锥形锥部的挤压锥角 α 为 $1°30'$,若在螺纹磨床 Y7520W 上加工,将 Y7520W 磨床螺纹机构传动比 $i=3.046\ 82$ 代入上式,有 $\tan f=3.046\ 82\times\tan(1°30')=3.046\ 82\times0.0261\ 859\ 21=0.079\ 783\ 789$,则 $f=\arctan(0.079\ 783\ 789)=4°33'42''$。

17. 答:(1)工件在本工序完成后应做到无屑、无水、无脏物,并在规定的工位器具上摆放整齐(2.5 分);(2)暂不进行下道工序加工或精加工后的表面应进行防锈处理(2.5 分);(3)凡配对加工的零件,加工后需做标记(或编号)(2.5 分);(4)加工后的工件经专职检查员检查合格后方能转往下道工序(2.5 分)。

18. 答:(1)孔的最大实体尺寸:ϕ40.03 mm(4 分)。(2)最小实体尺寸:ϕ40.119 mm(3 分)。(3)作用尺寸:ϕ40.087 mm(3 分)。

19. 答:(1)其允许的形位误差数值是 0.06 mm(5 分)。(2)当孔的尺寸是 ϕ40.119 mm 时,允许达到的形位误差数值为最大(5 分)。

20. 答:在数控机床上,机床的运动是由数控装置来控制的,为了确定机床上成形运动和辅助运动,必须先确定机床上运动的方向和距离,在数控机床上用来确定运动轴方向和距离的坐标系为数控机床坐标系(5 分)。数控机床上的坐标系采用右手直角笛卡尔坐标系。数控机床坐标系三坐标轴 X、Y、Z 及其正方向用右手定则判定,X、Y、Z 各轴的回转运动及其正方向 $+A$、$+B$、$+C$ 分别用右手螺旋法则判断(5 分)。

21. 答:进给误差是指数控机床进给传动链中各环节的累积误差(2 分)。其来源主要有:(1)传动间隙(在机械传动系统中通常存在传动间隙)(2 分);(2)滚珠丝杠的螺距累积误差(2 分);(3)机械部件的受力变形和热变形引起的误差(2 分);(4)机械部件的质量和转动惯量不合理性引起的误差(2 分)。

22. 答:工艺系统受热变形引起的误差:

(1)工件受热变形:工件受热温度升高后,热伸长量 ΔL 为:$\Delta L=\alpha L\Delta t$。式中,$\alpha$ 为工件材料的热膨胀系数;L 为工件长度;Δt 为工件的温升。

例如:死顶尖装夹工件时,热变形将造成工件弯曲。在磨床上为消除热变形的影响,可采用弹簧顶尖(4分)。

(2)机床受热变形:当机床受热不均时,造成机床部件产生变形。例如:机床主轴前、后端受热不均,将造成主轴抬高并倾斜(3分)。

(3)刀具受热变形:刀具受热以后,引起刀具热伸长,刀尖位置发生变化,因而影响加工精度(3分)。

23. 答:在机械加工过程中,工艺系统刚度在切削力、夹紧力以及重力等的作用下,将产生相应的变化,使刀具和工件在静态下调整好的相互位置,以及切削成形运动所需要的正确几何关系发生变化从而产生加工误差(5分)。包括主要内容:(1)切削力作用点位置变化(机床变形、工件的变形)的影响;(2)切削力大小变化的影响;(3)夹紧力和重力的影响;(4)传动力和惯性力的影响(5分)。

24. 答:产生磨削缺陷的主要因素大致可以归纳为五个方面:(1)工艺因素:包括工艺方法、工艺参数、工艺装备及人为因素等(2分);(2)机床因素:包括机床的精度、技术状况、刚度以及温度对机床产生的影响等(2分);(3)工件因素:包括工件的材质、加工余量、前道工序的工艺基准及工件缺陷等(2分);(4)砂轮因素:包括砂轮特性的选择、砂轮的修整与平衡状况等(2分);(5)切削液因素:包括切削液种类的选择、清洁程度、流量和压力以及是否及时有效地注入磨削区域内等(2分)。

25. 答:(1)工件的残余应力未消除。工件磨削前,未增加校直和消除应力的热处理工序(2分)。(2)选择砂轮不合理。如砂轮的粒度、硬度及砂轮的宽、窄等(1分)。(3)修整砂轮不合理。未能使砂轮经常保持锋利状态(1分)。(4)尾座顶尖顶紧力过大(1分)。(5)中心孔的接触面不良。工件中心孔未经修研或未经常添加润滑油(1分)。(6)磨削用量选择不合理(1分)。(7)未采用中心架支承或中心架支承不合理(1分)。(8)未充分冷却(1分)。(9)存放不正确(1分)。

26. 答:产生的原因如下:(1)螺纹磨床传动链误差,螺纹交换挂轮计算的理论螺距与实际螺距的误差(2分);(2)床身与工作台的热变形、机床螺母丝杠与工件丝杠热变形不同步(2分);(3)进口轴承机床螺母丝杠副累积误差对工件的影响(2分);(4)在磨削螺纹一次进给走刀过程中,砂轮磨损太快(2分);(5)工艺过程中前道工序的累积误差复映(2分)。

27. 答:精密丝杠的磨削有顺磨和逆磨两种。(1)顺磨有利于冷却液的充分浇注,可减少磨削区域丝杠的热变形,缺点是切削性能差。采用从头架开始的顺磨方法,不仅冷却性能好,丝杠不易产生热变形,而且砂轮进给方向使丝杠受拉应力,能有效地减少丝杠的径向跳动和振动,有利于获得较高的精度和粗糙度(5分)。(2)逆磨不利于冷却液的充分浇注,丝杠易变形,但切削性能佳。如果采用从头架开始的逆磨方法,则该方法由于热变形会导致丝杠向尾架方向伸长,造成螺纹牙型右侧加大磨削用量,而左侧却逐渐减小,不仅难以达到磨削精度,而且容易产生单面烧焦和磨削裂纹(5分)。

28. 答:测量不确定度与测量准确度都是描述测量结果可靠性的参数。其区别在于:测量准确度因涉及一般无法获知的“真值”而只能是一个无法真正定量表示的定性概念;测量不确定度的评定和计算只涉及已知量,因此,测量不确定度是一个可以定量表示的确定数值。在实际工程测量中,测量准确度只能对测量结果和测量设备的可靠性作相对的定性描述,而作定量描述必须用测量不确定度(10分)。

29. 答:万能角度尺的刻线原理是:尺身刻线每格为1°,游标共30格等分29°,游标每格为

$29°/30=58'$,尺身1格和游标1格之差为$1°-58'=2'$,所以它的测量精度为$2'$。万能角度尺的读数方法是:先读出游标尺零刻度前面的整度数,再看游标尺第几条刻线和尺身刻线对齐,读出角度"′"的数值,最后两者相加就是测量角度的数值(10分)。

30. 答:(1)车刀刃磨时,双手握稳车刀,不能用力过大,以防打滑伤手(2.5分);(2)磨刀时,人应站在砂轮的侧前方,以防砂轮碎裂时碎片飞出伤人(2.5分);(3)刃磨时,将车刀做水平方向的左右缓慢移动,以免砂轮表面产生凹坑(2.5分);(4)磨硬质合金车刀时,不可把刀头放入水中,以免刀片突然受冷收缩而碎裂;磨高速钢数控车刀时,要经常冷却,以免失去硬度(2.5分)。

31. 答:工序集中:按工序集中原则组织工艺过程,就是使每道工序包含的加工内容尽量多些,将许多工序组成一个集中工序(2分)。特点:(1)采用高效率专用设备和工艺设备,大大提高了生产率;(2)减少了设备的数量,相应地也减少了操作工人和生产面积;(3)减少了工序的装夹次数,工件在一次装夹中可加工多个表面,有利于保证这些表面之间的相互位置精度,减少装夹次数也可减少装夹所造成的误差;(4)减少工序数目,缩短了工艺路线,也简化了生产计划和组织工作;(5)缩短了加工时间,减少了运输工作量,因而缩短了生产周期;(6)专用设备和工艺装备较复杂,生产准备周期长,更换产品困难(3分)。

工序分散:按工序分散原则组织工艺过程,就是使每道工序包含的加工内容尽量少些,最大限度的工序分散就是每道工序只包含一个简单的工步(2分)。特点:(1)设备和工艺装备比较简单,便于调整,容易适应产品的变换;(2)对工人的技术要求较低;(3)可以采用最合理的切削用量,减少机动时间;(4)所需设备和工艺装备的数目多,操作工人多,占地面积大(3分)。

32. 答:(1)贯穿磨法。工件中心高出工件直径15%~25%,导轮用橡胶和树脂作磨粒粘结剂,摩擦系数大,工件随导轮转,速度相同,且磨粒粒度细不产生磨削;砂轮转速快,与工件有相对运动,产生磨削;导轮中心线倾斜α角,导轮与工件接触处的线速度f分解出f_2,带动工件贯穿磨削区;导轮表面为回转双曲面,保证导轮、工件为直线接触,适宜加工无纵向槽的圆柱表面(5分)。(2)切入磨法。工件无轴向进给运动,由砂轮横向切入;导轮轴相对于砂轮轴倾斜$30'$,使工件轴向定位,适宜加工无纵向槽的成型回转表面(5分)。

33. 答:(1)材料是否具有特殊的化学反应。例如:硫会腐蚀铜,切削铜或铜合金时,不能用含硫的切削液(2.5分)。(2)高温时水会使铝产生针孔,硫化切削油与铝形成强度高于铝本身的化合物,不但不能起到润滑作用,反而会增大刀和切削口间的摩擦。另外,切削铝时用含氯的切削液也会产生类似的作用,因此切削铝时不宜用水溶液和硫化切削油以及含氯的切削液(2.5分)。(3)镁和水作用会产生氢气,为了防止在切削高温中燃烧甚至爆炸,故切削镁合金时,不能用水溶液和乳化液,一般用矿物油(2.5分)。(4)贵重精密的机床不能用含硫等活性物质的切削液,以免腐蚀机床(2.5分)。

34. 答:(1)用树脂磨钢轨砂轮,在专用钢轨修磨列车上对钢轨进行修磨加工(2.5分);(2)用导电树脂砂轮,在电解磨床上对一些高硬度的零件,如各种硬质合金刀具、量具、挤压拉丝模具、轧辊等,以及普通磨削很难加工的小孔、深孔、薄壁筒、细长杆零件和复杂型面的零件,进行电解磨削加工,其中电解作用占加工量的95%,磨料的机械加工作用仅占5%,因此电解磨削比普通磨削加工效率高(2.5分);(3)用PVA(聚乙烯醇)抛光轮、PU(聚氨酯)抛光轮、无纺布抛光轮等,在抛光机上对石材、玻璃、不锈钢等进行抛光加工(2.5分);

(4)磨录音机磁头、钟表、仪器行业所用的精磨抛光砂轮,如FBB(耐水聚乙烯醇)砂轮等(2.5分)。

35. 答:例如:尺寸精度为IT6级、表面粗糙度为0.1~0.8 μm时,一般只需要经过粗磨、精磨或粗磨、精磨和精密磨削加工;尺寸精度IT5~IT6、表面粗糙度为0.1~0.5 μm时,一般要经过粗磨、半精磨、精磨、高精度磨削加工。磨削加工所用的机床除特殊机床外,一般采用通用工艺装备,以降低生产成本取得良好的经济效果,成批大量生产时可以根据零件的加工精度和技术要求,尽量采用专用夹具、专用量具,以满足高生产率的要求。砂轮的选择也应尽可能按照不同工序的不同要求考虑磨料、粒度、硬度、尺寸等。这样不但能保证工件的加工精度,同时对提高生产率也有利(10分)。

数控磨工(中级工)技能操作考核框架

一、框架说明

1. 依据《国家职业标准》注,以及中国北车确定的“岗位个性服从于职业共性”的原则,提出数控磨工(中级工)技能操作考核框架(以下简称:技能考核框架)。

2. 本职业等级技能操作考核评分采用百分制。即:满分为100分,60分为及格,低于60分为不及格。

3. 实施“技能考核框架”时,考核制件(活动)命题可以选用本企业的加工件(活动项目),也可以结合实际另外组织命题。

4. 实施“技能考核框架”时,考核的时间和场地条件等应依据《国家职业标准》,并结合企业实际确定。

5. 实施“技能考核框架”时,其“职业功能”的分类按以下要求确定:

(1)“工件加工”属于本职业等级技能操作的核心职业活动,其“项目代码”为“E”。

(2)“工艺准备”、“精度检验及误差分析”、“设备的维护与保养”属于本职业等级技能操作的辅助性活动,其“项目代码”分别为“D”和“F”。

6. 实施“技能考核框架”时,其“鉴定项目”和“选考数量”按以下要求确定:

(1)按照《国家职业标准》有关技能操作鉴定比重的要求,本职业等级技能操作考核制件的“鉴定项目”应按“D”+“E”+“F”组合,其考核配分比例相应为:“D”占10分,“E”占70分,“F”占20分(其中:精度检验及误差分析10分,设备的维护及保养10分)。

(2)依据中国北车确定的“核心职业活动选取2/3,并向上取整”的规定,在“E”类鉴定项目——“工件加工”的全部8项中,至少选取6项。

(3)依据中国北车确定的“其余‘鉴定项目’的数量可以任选”的规定,“D”和“F”类鉴定项目——“工艺准备”、“精度检验及误差分析”、“设备的维护与保养”中,至少分别选取1项。

(4)依据中国北车确定的“确定‘选考数量’时,所涉及‘鉴定要素’的数量占比,应不低于对应‘鉴定项目’范围内‘鉴定要素’总数的60%,并向上取整”的规定,考核制件的鉴定要素“选考数量”应按以下要求确定:

①在“D”类“鉴定项目”中,在已选定的至少1个鉴定项目中,至少选取已选鉴定项目所对应的全部鉴定要素的60%项,并向上保留整数。

②在“E”类“鉴定项目”中,在已选定的至少6个鉴定项目所包含的全部鉴定要素中,至少选取总数的60%项,并向上保留整数。

③在“F”类“鉴定项目”中,对应“精度检验及误差分析”,在已选定的至少1个鉴定项目中,至少选取已选定鉴定项目所对应的全部鉴定要素的60%项,并向上保留整数;对应“设备维护与保养”的4个鉴定要素,选取3项。

举例分析:

按照上述“第6条”要求，若命题时按最少数量选取，即：在“D”类鉴定项目中选取了“制定加工工艺”1项，在“E”类鉴定项目中选取了“编制程序”、“程序输入”、“数控磨床操作”、“外圆加工及内孔加工”、“平面磨削”、“螺纹磨削”6项，在“F”类鉴定项目中分别选取了“内、外径及长度、深度检验”和“设备的维护与保养”2项，则：

此考核制件所涉及的“鉴定项目”总数为9项，具体包括：“制定加工工艺”“编制程序”、“程序输入”、“数控磨床操作”、“外圆加工及内孔加工”、“平面磨削”、“螺纹磨削”、“内、外径及长度、深度检验”和“设备的维护与保养”等；

此考核制件所涉及的鉴定要素“选考数量”相应为17项，具体包括：“制定加工工艺”鉴定项目包含的全部3个鉴定要素中的2项，“编制程序”、“程序输入”、“数控磨床操作”、“外圆加工及内孔加工”、“平面磨削”、“螺纹磨削”6个鉴定项目包括的全部16个鉴定要素中的10项，“内、外径及长度、深度检验”鉴定项目包含的全部2个鉴定要素中的2项，“设备的维护与保养”鉴定项目包含的全部4个鉴定要素中的3项等。

7. 本职业等级技能操作需要两人及以上共同作业的，可由鉴定组织机构根据“必要、辅助”的原则，结合实际情况确定协助人员的数量。在整个操作过程中，协助人员只能起必要、简单的辅助作用。否则，每违反一次，至少扣减应考者的技能考核总成绩10分，直至取消其考试资格。

8. 实施“技能考核框架”时，应同时对应考者在质量、安全、工艺纪律、文明生产等方面行为进行考核。对于在技能操作考核过程中出现的违章作业现象，每违反一项(次)至少扣减技能考核总成绩10分，直至取消其考试资格。

注：按照中国北车规定，各《职业技能操作考核框架》的编制依据现行的《国家职业标准》或现行的《行业职业标准》或现行的《中国北车职业标准》的顺序执行。

二、数控磨工(中级工)技能操作鉴定要素细目表

职业功能	鉴定项目				鉴定要素		
	项目代码	名称	鉴定比重(%)	选考方式	要素代码	名称	重要程度
工艺准备	D	识图与绘图	20	任选	001	能读懂主轴、螺纹、丝杠、曲轴、齿轮等较复杂的零件图	X
					002	能读懂数控磨床的砂轮架、工件支架、尾座等简单机构的装配图	Y
					003	能绘制轴、套、圆锥、螺纹、齿轮等简单零件图	X
		制定加工工艺			001	能合理选择切削用量	X
					002	能读懂细长轴、薄壁孔、小孔、深孔、螺纹、成型件等较复杂的加工工艺	X
					003	能制定回转体零件、偏心轴、细长轴、薄壁件、螺纹等零件的工艺过程	X
		常用量具的识读、使用及保养			001	能正确使用内、外径千分尺、杠杆式卡规等较高精度的量具	X
					002	能正确使用齿厚千分尺测量齿厚	X
					003	能正确使用正弦规测量锥体的锥度	Y
		磨具的准备			001	能合理选择、安装、平衡、修正砂轮	X
					002	能根据工件材料选择砂轮的材料	X
					003	常用数控磨床砂轮的种类及装夹方式	X

续上表

职业功能	鉴定项目				鉴定要素		
	项目代码	名　称	鉴定比重(%)	选考方式	要素代码	名　称	重要程度
工艺准备	D	磨具的准备			004	能根据零件的形状和要求对数控磨床进行调整	Y
		工件的定位与装夹			001	能对零件进行正确的装夹	X
					002	工件的正确定位	X
					003	夹具的安装与基准的选择	X
					004	能正确使用通用夹具、专用夹具和组合夹具	X
					005	简单节点坐标、基点坐标的计算	X
工件加工	E	编制程序	60	至少选6项	001	能手工编制中等复杂程度零件的磨削加工程序	X
		程序的输入			001	能正确使用操作面板上的各种功能键	X
					002	能通过操作面板手动输入加工程序及有关参数	X
					003	能进行简单程序的编辑和修改	X
					004	能通过计算机、移动硬盘输入加工程序及有关参数	X
		数控磨床的操作			001	能正确选定机床坐标系与工件坐标系、相对坐标系、绝对坐标系	X
					002	能正确使用各种输入装置	X
					003	能正确进行程序的编辑与修改	X
					004	能正确进行机内对刀	X
					005	能正确进行程序的试运行	X
		外圆加工及内孔加工			001	能进行外圆、外锥体的磨削，尺寸范围 $\phi \times L =$ 30 mm × 300 mm，并达到下列要求：公差等级IT6，表面粗糙度 $R_a0.8\ \mu m$，跳动误差0.005 mm	XX
					002	能对光轴进行无心磨削，并达到下列要求：公差等级IT6，表面粗糙度 $R_a0.8\ \mu m$，圆度0.005 mm	X
					003	能进行内孔及端面的磨削，并达到下列要求：用锥度塞规检查，接触面积不小于80%且靠近大端，表面粗糙度 $R_a0.4\ \mu m$	X
					004	能进行莫氏内锥孔的磨削，并达到下列要求：公差等级IT6，表面粗糙度 $R_a0.8\ \mu m$，圆度0.005 mm	X
		平面磨削			001	能进行平面的磨削，尺寸范围 $H \times L \times B =$ 10 mm×150 mm×150 mm，并达到下列要求：公差等级IT7，表面粗糙度 $R_a0.8\ \mu m$，平行度0.005 mm	X
		螺纹磨削			001	能磨削梯形丝杠，螺纹部分尺寸 $\phi \times L =$ 50 mm×500 mm，齿形角(α)30°，并达到下列要求：精度等级7 h，表面粗糙度 $R_a0.8\ \mu m$	X
		曲轴加工和凸轮轴磨削			001	能对单拐曲轴进行磨削，并达到下列要求：公差等级IT6，表面粗糙度 $R_a0.8\ \mu m$，圆柱度0.005 mm，偏心误差0.05 mm	X
					002	能进行凸轮的磨削，并达到下列要求：升程误差±0.05 mm，表面粗糙度 $R_a0.8\ \mu m$，跳动误差0.05 mm	X
		齿轮磨削			001	能磨削标准直齿圆挂齿轮，并达到下列要求：精度等级6HL，符合GB/T 10095—2008，表面粗糙度 $R_a0.4\ \mu m$	X
精度检验及误差分析	F	内、外径及长度、深度检验	10	任选	001	能使用量块和杠杆卡规测量工件外圆和内径，精度达到0.005 mm	X
					002	能正确使用千分表、测微仪测量工件的同轴度、圆柱度、跳动	X

续上表

职业功能	鉴定项目				鉴定要素		
	项目代码	名　称	鉴定比重(%)	选考方式	要素代码	名　称	重要程度
精度检验及误差分析	F	平面、锥度检验			001	能正确使用正弦规检验锥体	X
					002	能正确使用量棒、钢珠和 V 形夹具测量内、外锥体的精度	X
					003	能测量高精度的平面精度	X
		螺纹检验			001	能使用千分尺与三针测量蜗杆中径	X
					002	能使用齿厚千分尺或齿厚游标卡尺测量蜗杆和齿轮的齿厚	X
设备的维护与保养		数控磨床的使用、维护与保养	10		001	能对数控磨床进行日常的维护与保养	X
					002	能根据信号和屏幕上的文字显示判断设备故障	X
					003	能在加工前对数控磨床进行常规检查	X
					004	能对数控磨床常见的简单故障进行排除与维修	X

注：重要程度中 X 表示核心要素，Y 表示一般要素，Z 表示辅助要素。下同。

数控磨工(中级工)
技能操作考核样题与分析

职 业 名 称：________________

考 核 等 级：________________

存 档 编 号：________________

考核站名称：________________

鉴定责任人：________________

命题责任人：________________

主管负责人：________________

中国北车股份有限公司劳动工资部制

职业技能鉴定技能操作考核制件图示或内容

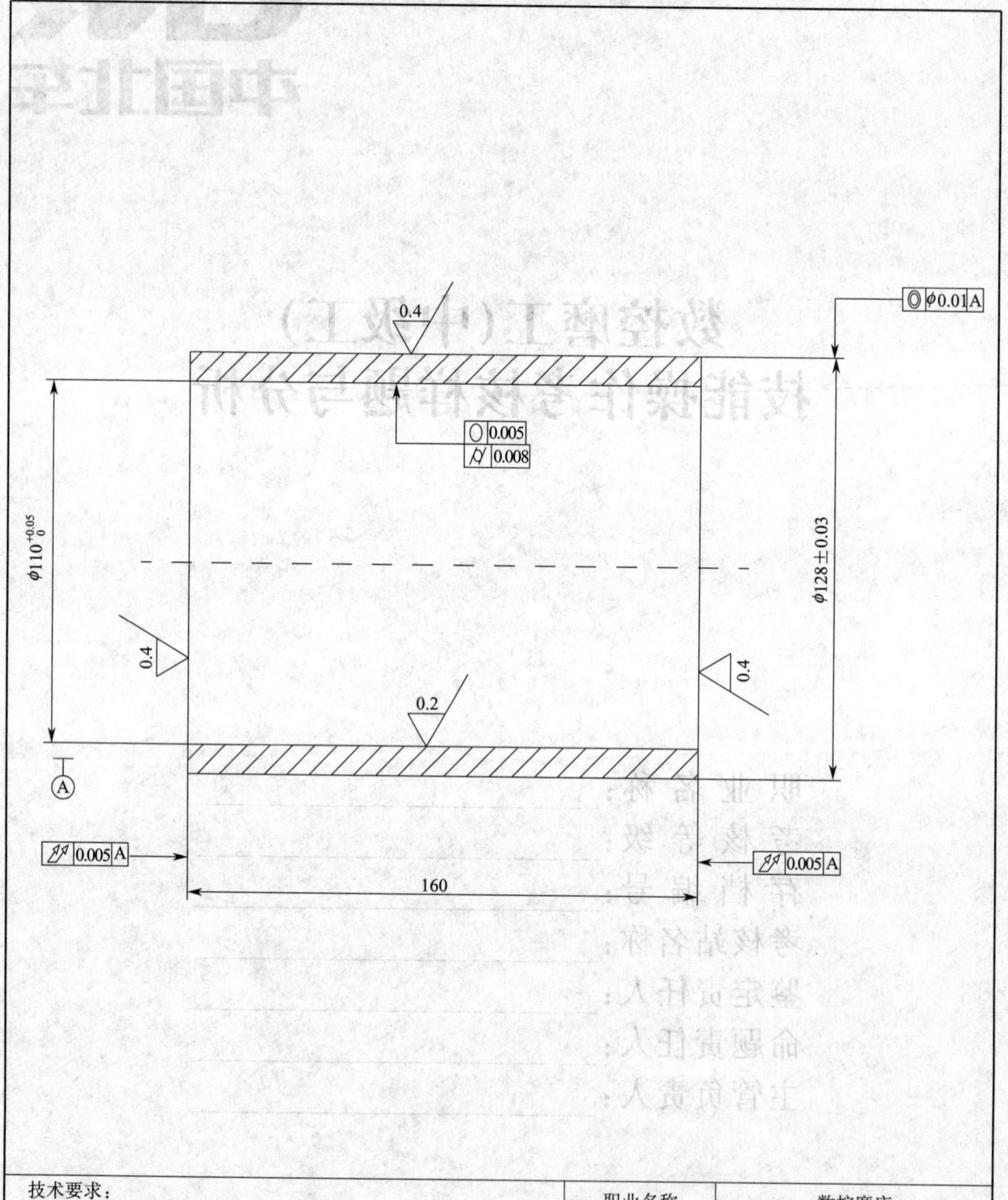

技术要求：

1. 制定工艺路线。
2. 制定各工步工艺参数。
3. 制定工具清单。
4. 建立工件坐标系和坐标计算。
5. 现场脱机编程和输入。
6. 考生考试前须对设备进行润滑和调整。
7. 未注公差按 IT13。
8. 上述 1～5 项均以卡片的形式同试件一起交卷。

职业名称	数控磨床
考核等级	中级工
试题名称	薄壁套

材质等信息：20Cr（渗碳、淬火处理：深度 0.9 mm，硬度 HRC58～63）

职业技能鉴定技能操作考核准备单

职业名称	数控磨床
考核等级	中级工
试题名称	薄壁套

一、材料准备

1. 材料:20Cr。
2. 坯件尺寸:外径×内径×长度=ϕ128.5 mm×109.5 mm×160 mm。
3. 热处理:渗碳、淬火处理:深度 0.9 mm,硬度 HRC58~63。

二、设备、工、量、卡具准备清单

序号	名称	规格	数量	备注
1	数控外圆磨床	ϕ320×1 100	1	3 轴联动,带内圆磨削装置
2	数控平面磨床	工作台:400×1 000	1	
3	游标卡尺	300 mm(0.02)	1	
4	内径百分尺	100~125 mm、125~150 mm(0.01)	1	
5	百分表	0~3 mm(0.01)	1	
6	外径百分尺	100~150 mm(0.01)	1	
7	芯轴		1	
8	专用端面夹具		1	
9	粗糙度样板		1	

三、考场准备

1. 相应的公用设备、设备与器具的润滑与冷却等。
2. 相应的场地及安全防范措施。
3. 其他准备。

四、考核内容及要求

1. 考核内容:按考核制件图示及要求制作。
2. 考核时限:300 min。
3. 考核评分(表)。

职业名称	数控磨工		考核等级	中级工	
试题名称	薄壁套		考核时限	300 min	
鉴定项目	考核内容	配分	评分标准	扣分说明	得分
制定加工工艺	能合理选择切削用量	0.5	错误不得分		
	能读懂薄壁孔加工工艺	0.5	错误不得分		
	能读懂深孔加工工艺	0.5	错误不得分		

续上表

鉴定项目	考核内容	配分	评分标准	扣分说明	得分
制定加工工艺	能读懂较复杂的加工工艺	0.5	错误不得分		
	能制定回转体零件工艺过程	0.5	错误不得分		
	能制定薄壁件工艺过程	0.5	错误不得分		
常用量具的识读、使用及保养	能正确使用内、外径千分尺	0.5	错误不得分		
	能正确使用杠杆式卡规	0.5	错误不得分		
	能正确使用正弦规	0.5	错误不得分		
磨具的准备	能合理选择砂轮	0.5	错误不得分		
	能合理安装砂轮	0.5	错误不得分		
	能合理平衡砂轮	0.5	错误不得分		
	能合理修正砂轮	0.5	错误不得分		
	能根据工件材料选择砂轮的材料	0.5	错误不得分		
	常用数控磨床砂轮的种类	0.5	错误不得分		
	常用数控磨床装夹方式	0.5	错误不得分		
工件的定位与装夹	能对零件进行正确的装夹	0.5	错误不得分		
	工件的正确定位	0.5	错误不得分		
	夹具的安装	0.5	错误不得分		
	夹具的基准的选择	0.5	错误不得分		
编制程序	能手工编制中等复杂程度零件的磨削加工程序	10	每处错误扣1分，扣光为止		
程序的输入	能正确使用操作面板上的各种功能键	3	每处错误扣0.5分，扣光为止		
	能通过操作面板手动输入加工程序及有关参数	3	每处错误扣0.5分，扣光为止		
	能进行简单程序的编辑	2	每处错误扣0.5分，扣光为止		
	能进行简单程序的修改	3	每处错误扣0.5分，扣光为止		
数控磨床的操作	能通过计算机输入加工程序及有关参数	2	错误不得分		
	能通过移动硬盘输入加工程序及有关参数	2	错误不得分		
	能正确选定机床坐标系与工件坐标系	2	错误不得分		
	能正确选定机床坐标系与相对坐标系	2	错误不得分		
	能正确选定机床坐标系与绝对坐标系	2	错误不得分		
	能正确进行机内对刀	2	错误不得分		
	能正确进行程序的试运行	2	错误不得分		
外圆加工及内孔加工	能进行外圆的磨削。尺寸范围 $\phi \times L=$ 30 mm×300 mm，并达到下列要求：公差等级IT6，表面粗糙度 $R_a0.8$ μm，跳动误差0.005 mm	10	每处错误扣1分，扣光为止		
	能进行内孔磨削，达到下列要求：公差等级IT6，表面粗糙度 $R_a0.4$ μm	10	每处错误扣1分，扣光为止		

续上表

鉴定项目	考核内容	配分	评分标准	扣分说明	得分
平面磨削	能进行平面的磨削,尺寸范围 $H\times L\times B=$ 10 mm×150 mm×150 mm,达到下列要求:公差等级 IT7,表面粗糙度 R_a0.8 μm,平行度 0.005 mm	5	每处错误扣 1 分,扣光为止		
曲轴加工和凸轮轴磨削	能进行凸轮的磨削,升程误差±0.05 mm	4	错误不得分		
	能进行凸轮的磨削,表面粗糙度 R_a0.8 μm	3	错误不得分		
	能进行凸轮的磨削,跳动误差 0.05 mm	3	错误不得分		
内、外径及长度、深度检验	能使用量块和杠杆卡规测量工件外圆,精度达到 0.005 mm	2	错误不得分		
	能使用量块和杠杆卡规测量工件,内径精度达到 0.005 mm	2	错误不得分		
	能正确使用千分表、测微仪测量工件的同轴度	2	错误不得分		
	能正确使用千分表、测微仪测量工件的圆柱度	2	错误不得分		
	能正确使用千分表、测微仪测量工件跳动	2	错误不得分		
平面、锥度检验	能测量高精度的平面精度	2	错误不得分		
数控磨床的使用、维护与保养	能对数控磨床进行日常的维护与保养	2	错误不得分		
	能根据信号和屏幕上的文字显示判断设备故障	2	错误不得分		
	能在加工前对数控磨床进行常规检查	2	错误不得分		
	能对数控磨床常见的简单故障进行排除与维修	2	错误不得分		
质量、安全、工艺纪律、文明生产等综合考核项目	考核时限	不限	超时停止操作		
	工艺纪律	不限	依据企业有关工艺纪律管理规定执行,每违反一次扣 10 分		
	劳动保护	不限	依据企业有关劳动保护管理规定执行,每违反一次扣 10 分		
	文明生产	不限	依据企业有关文明生产管理规定执行,每违反一次扣 10 分		
	安全生产	不限	依据企业有关安全生产管理规定执行,每违反一次扣 10 分,有重大安全事故,取消成绩		

4. 操作者应遵守质量、安全、工艺纪律,文明生产。对于在技能操作考核过程中出现的违章作业现象,每违反一项(次)至少扣减技能考核总成绩 10 分,直至取消其考试资格。

职业技能鉴定技能考核制件(内容)分析

职业名称	数控磨床
考核等级	中级工
试题名称	薄壁套
职业标准依据	国家职业标准

试题中鉴定项目及鉴定要素的分析与确定

分析事项 \ 鉴定项目分类	基本技能“D”	专业技能“E”	相关技能“F”	合计	数量与占比说明
鉴定项目总数	5	8	4	17	
选取的鉴定项目数量	4	6	3	13	核心技能“E”满足鉴定项目占比高于2/3的要求
选取的鉴定项目数量占比(%)	80	75	75	76	
对应选取鉴定项目所包含的鉴定要素总数	15	17	9	41	
选取的鉴定要素数量	11	12	7	30	鉴定要素数量占比大于60%
选取的鉴定要素数量占比(%)	73	71	78	73	

所选取鉴定项目及相应鉴定要素分解与说明

鉴定项目类别	鉴定项目名称	国家职业标准规定比重(%)	《框架》中鉴定要素名称	本命题中具体鉴定要素分解	配分	评分标准	考核难点说明
“D”	制定加工工艺	10	能合理选择切削用量	能合理选择切削用量	0.5	错误不得分	难点
			能读懂细长轴、薄壁、小孔、深、螺纹、成型件等较复杂的加工工艺	能读懂薄壁孔加工工艺	0.5	错误不得分	
				能读懂深孔加工工艺	0.5	错误不得分	
				能读懂较复杂的加工工艺	0.5	错误不得分	
			能制定回转体零件、偏心轴、细长轴、薄壁件、螺纹等零件的工艺过程	能制定回转体零件工艺过程	0.5	错误不得分	
				能制定薄壁件工艺过程	0.5	错误不得分	难点
	常用量具的识读、使用及保养		能正确使用内、外径千分尺、杠杆式卡规等较高精度的量具	能正确使用内、外径千分尺	0.5	错误不得分	
				能正确使用杠杆式卡规	0.5	错误不得分	
			能正确使用正弦规测量锥体的锥度	能正确使用正弦规	0.5	错误不得分	
	磨具的准备		能合理选择、安装、平衡、修正砂轮	能合理选择砂轮	0.5	错误不得分	
				能合理安装砂轮	0.5	错误不得分	
				能合理平衡砂轮	0.5	错误不得分	
				能合理修正砂轮	0.5	错误不得分	
			能根据工件材料选择砂轮的材料	能根据工件材料选择砂轮的材料	0.5	错误不得分	难点

续上表

鉴定项目类别	鉴定项目名称	国家职业标准规定比重(%)	《框架》中鉴定要素名称	本命题中具体鉴定要素分解	配分	评分标准	考核难点说明
"D"	磨具的准备		常用数控磨床砂轮的种类及装夹方式	常用数控磨床砂轮的种类	0.5	错误不得分	
				常用数控磨床装夹方式	0.5	错误不得分	
	工件的定位与装夹		能对零件进行正确的装夹	能对零件进行正确的装夹	0.5	错误不得分	
			工件的正确定位	工件的正确定位	0.5	错误不得分	
			夹具的安装与基准的选择	夹具的安装	0.5	错误不得分	
				夹具的基准的选择	0.5	错误不得分	
"E"	编制程序	70	能手工编制中等复杂程度零件的磨削加工程序	能手工编制中等复杂程度零件的磨削加工程序	10	每处错误扣1分,扣光为止	难点
	程序的输入		能正确使用操作面板上的各种功能键	能正确使用操作面板上的各种功能键	3	每处错误扣0.5分,扣光为止	
			能通过操作面板手动输入加工程序及有关参数	能通过操作面板手动输入加工程序及有关参数	3	每处错误扣0.5分,扣光为止	
			能进行简单程序的编辑和修改	能进行简单程序的编辑	2	每处错误扣0.5分,扣光为止	难点
			能通过计算机、移动硬盘输入加工程序及有关参数	能进行简单程序的修改	3	每处错误扣0.5分,扣光为止	
	数控磨床的操作		能正确选定机床坐标系与工件坐标系、相对坐标系、绝对坐标系	能通过计算机输入加工程序及有关参数	2	错误不得分	
				能通过移动硬盘输入加工程序及有关参数	2	错误不得分	
				能正确选定机床坐标系与工件坐标系	2	错误不得分	难点
				能正确选定机床坐标系与相对坐标系	2	错误不得分	
				能正确选定机床坐标系与绝对坐标系	2	错误不得分	
			能正确进行机内对刀	能正确进行机内对刀	2	错误不得分	
			能正确进行程序的试运行	能正确进行程序的试运行	2	错误不得分	
	外圆加工及内孔加工		能进行外圆、外锥体的磨削,尺寸范围 $\phi \times L$=30 mm×300 mm,并达到下列要求:公差等级IT6,表面粗糙度 R_a0.8 μm,跳动误差0.005 mm	能进行外圆的磨削,尺寸范围 $\phi \times L$=30 mm×300 mm,并达到下列要求:公差等级IT6,表面粗糙度 R_a0.8 μm,跳动误差0.005 mm	10	每处错误扣1分,扣光为止	
			能进行内孔及端面的磨削,达到下列要求:用锥度塞规检查,接触面积不小于80%且靠近大端,表面粗糙度 R_a0.4 μm	能进行内孔磨削,达到下列要求:公差等级IT6,表面粗糙度 R_a0.4 μm	10	每处错误扣1分,扣光为止	难点

续上表

鉴定项目类别	鉴定项目名称	国家职业标准规定比重(%)	《框架》中鉴定要素名称	本命题中具体鉴定要素分解	配分	评分标准	考核难点说明
“E”	平面磨削		能进行平面的磨削,尺寸范围 $H\times L\times B=$ 10 mm×150 mm×150 mm,并达到下列要求:公差等级 IT7,表面粗糙度 $R_a0.8\ \mu m$,平行度 0.005 mm	能进行平面的磨削,尺寸范围 $H\times L\times B=$ 10 mm×150 mm×150 mm,并达到下列要求:公差等级 IT7,表面粗糙度 $R_a0.8\ \mu m$,平行度 0.005 mm	5	每处错误扣 1 分,扣光为止	
	曲轴加工和凸轮轴磨削		能进行凸轮的磨削,并达到下列要求:升程误差±0.05 mm,表面粗糙度 $R_a0.8\ \mu m$,跳动误差 0.05 mm	能进行凸轮的磨削,升程误差±0.05 mm	4	错误不得分	难点
				能进行凸轮的磨削,表面粗糙度 $R_a0.8\ \mu m$	3	错误不得分	
				能进行凸轮的磨削,跳动误差 0.05 mm	3	错误不得分	
“F”	内、外径及长度、深度检验	20	能使用量块和杠杆卡规测量工件外圆和内径精度达到 0.005 mm	能使用量块和杠杆卡规测量工件外圆,精度达到 0.005 mm	2	错误不得分	
				能使用量块和杠杆卡规测量工件,内径精度达到 0.005 mm	2	错误不得分	
			能正确使用千分表、测微仪测量工件的同轴度、圆柱度、跳动	能正确使用千分表、测微仪测量工件的同轴度	2	错误不得分	难点
				能正确使用千分表、测微仪测量工件的圆柱度	2	错误不得分	
				能正确使用千分表、测微仪测量工件跳动	2	错误不得分	
	平面、锥度检验		能测量高精度的平面精度	能测量高精度的平面精度	2	错误不得分	
	数控磨床的使用、维护与保养		能对数控磨床进行日常的维护与保养	能对数控磨床进行日常的维护与保养	2	错误不得分	
			能根据信号和屏幕上的文字显示判断设备故障	能根据信号和屏幕上的文字显示判断设备故障	2	错误不得分	
			能在加工前对数控磨床进行常规检查	能在加工前对数控磨床进行常规检查	2	错误不得分	
			能对数控磨床常见的简单故障进行排除与维修	能对数控磨床常见的简单故障进行排除与维修	2	错误不得分	难点
质量、安全、工艺纪律、文明生产等综合考核项目				考核时限	不限	超时停止操作	
				工艺纪律	不限	依据企业有关工艺纪律管理规定执行,每违反一次扣10分	

续上表

鉴定项目类别	鉴定项目名称	国家职业标准规定比重(%)	《框架》中鉴定要素名称	本命题中具体鉴定要素分解	配分	评分标准	考核难点说明
质量、安全、工艺纪律、文明生产等综合考核项目				劳动保护	不限	依据企业有关劳动保护管理规定执行,每违反一次扣10分	
				文明生产	不限	依据企业有关文明生产管理规定执行,每违反一次扣10分	
				安全生产	不限	依据企业有关安全生产管理规定执行,每违反一次扣10分,有重大安全事故,取消成绩	

数控磨工(高级工)技能操作考核框架

一、框架说明

1. 依据《国家职业标准》注,以及中国北车确定的“岗位个性服从于职业共性”的原则,提出数控磨工(高级工)技能操作考核框架(以下简称:技能考核框架)。

2. 本职业等级技能操作考核评分采用百分制。即:满分为 100 分,60 分为及格,低于 60 分为不及格。

3. 实施“技能考核框架”时,考核制件(活动)命题可以选用本企业的加工件(活动项目),也可以结合实际另外组织命题。

4. 实施“技能考核框架”时,考核的时间和场地条件等应依据《国家职业标准》,并结合企业实际确定。

5. 实施“技能考核框架”时,其“职业功能”的分类按以下要求确定:

(1)“工件加工”属于本职业等级技能操作的核心职业活动,其“项目代码”为“E”。

(2)“工艺准备”、“精度检验及误差分析”、“设备维护保养”属于本职业等级技能操作的辅助性活动,其“项目代码”分别为“D”和“F”。

6. 实施“技能考核框架”时,其“鉴定项目”和“选考数量”按以下要求确定:

(1)按照《国家职业标准》有关技能操作鉴定比重的要求,本职业等级技能操作考核制件的“鉴定项目”应按“D”+“E”+“F”组合,其考核配分比例相应为:“D”占 20 分,“E”占 60 分,“F”占 20 分。

(2)依据中国北车确定的“核心职业活动选取 2/3,并向上取整”的规定,在“E”类鉴定项目—— “工件加工”的全部 7 项中,至少选取 5 项。

(3)依据中国北车确定的“其余‘鉴定项目’的数量可以任选”的规定,“D”和“F”类鉴定项目——“工艺准备”、“精度检验及误差分析”、“设备维护保养”中,至少分别选取 1 项。

(4)依据中国北车确定的“确定‘选考数量’时,所涉及‘鉴定要素’的数量占比,应不低于对应‘鉴定项目’范围内‘鉴定要素’总数的 60%,并向上取整”的规定,考核制件的鉴定要素“选考数量”应按以下要求确定:

①在“D”类“鉴定项目”中,在已选定的至少 1 个鉴定项目中,至少选取已选鉴定项目所对应的全部鉴定要素的 60%项,并向上保留整数。

②在“E”类“鉴定项目”中,在已选定的至少 5 个鉴定项目所包含的全部鉴定要素中,至少选取总数的 60%项,并向上保留整数。

③在“F”类“鉴定项目”中,对应“精度检验及误差分析”,在已选定的至少 1 个鉴定项目中,至少选取已选定鉴定项目所对应的全部鉴定要素的 60%项,并向上保留整数;对应“设备维护与保养”的 4 个鉴定要素,选取 3 项。

举例分析:

按照上述“第6条”要求,若命题时按最少数量选取,即:在“D”类鉴定项目中的选取了“制定加工工艺”1项,在“E”类鉴定项目中选取了“编制程序”、“外圆加工”、“内孔加工”、“平面磨削”、“曲轴加工和凸轮轴磨削”5项,在“F”类鉴定项目中分别选取了“螺纹检验”和“数控磨床的使用、维护与保养”2项,则:

此考核制件所涉及的“鉴定项目”总数为8项,具体包括:“制定加工工艺”“编制程序”、“外圆加工”、“内孔加工”、“平面磨削”、“曲轴加工和凸轮轴磨削”、“螺纹检验”和“数控磨床的使用、维护与保养”;

此考核制件所涉及的鉴定要素“选考数量”相应为11项,具体包括:“制定加工工艺”鉴定项目包含的全部3个鉴定要素中的2项,“编制程序”、“外圆加工”、“内孔加工”、“平面磨削”、“曲轴加工和凸轮轴磨削”5个鉴定项目包括的全部7个鉴定要素中的5项,“螺纹检验”鉴定项目包含的全部2个鉴定要素中的2项,“数控磨床的使用、维护与保养”鉴定项目包含的全部2个鉴定要素中的2项。

7. 本职业等级技能操作需要两人及以上共同作业的,可由鉴定组织机构根据“必要、辅助”的原则,结合实际情况确定协助人员的数量。在整个操作过程中,协助人员只能起必要、简单的辅助作用。否则,每违反一次,至少扣减应考者的技能考核总成绩10分,直至取消其考试资格。

8. 实施“技能考核框架”时,应同时对应考者在质量、安全、工艺纪律、文明生产等方面行为进行考核。对于在技能操作考核过程中出现的违章作业现象,每违反一项(次)至少扣减技能考核总成绩10分,直至取消其考试资格。

注:按照中国北车规定,各《职业技能操作考核框架》的编制依据现行的《国家职业标准》或现行的《行业职业标准》或现行的《中国北车职业标准》的顺序执行。

二、数控磨工(高级工)技能操作鉴定要素细目表

职业功能	鉴定项目				鉴定要素		
	项目代码	名称	鉴定比重(%)	选考方式	要素代码	名称	重要程度
工艺准备	D	识图与绘图	20	任选	001	能识读变速箱、静压轴承、多线蜗杆、滚珠丝杠副等复杂、畸形零件图	X
					002	能识读数控磨床及一般机械的装配图和液压原理图	Y
					003	能绘制精密主轴静压轴承蜗杆滚珠丝杠等较复杂的零件图	X
		制定加工工艺			001	能编制简单零件的数控加工工艺规程	X
					002	能制定镜面磨削工件的数控加工顺序	X
					003	能制定轧辊等大型工件或复杂零件的数控磨削加工顺序	X
		量具与磨具			001	能正确选用金刚石砂轮、立方氮化硼砂轮、微晶砂轮、石墨砂轮等先进磨具和特殊砂轮	X
					002	能测量复杂零件的几何精度	X
					003	能分析数控磨床加工中产生的误差及通过修改程序修正加工误差	X

续上表

职业功能	鉴定项目				鉴定要素		
	项目代码	名　称	鉴定比重（%）	选考方式	要素代码	名　称	重要程度
工艺准备	D	工件的定位与装夹			001	能合理使用通用夹具、组合夹具，并能调整专用夹具	X
					002	能分析计算磨床用夹具的定位误差	X
					003	能装夹和调整复杂零件和不规则零件	X
工件加工	E	编制程序	60	至少选5项	001	能手工编制复杂零件的磨削加工程序	X
					002	能利用已有宏程序编制加工程序	X
		外圆加工			001	能进行高精度主轴的超精磨削，并达到以下要求：公差等级 IT5，表面粗糙度 $R_a0.04\ \mu m$，圆柱度 0.002 mm，跳动 0.001 mm	X
		内孔加工			001	能进行深孔磨削，工作范围：外径×内径×长度＝$\phi50$ mm×$\phi25$ mm×$\phi140$ mm，并达到以下要求：$\phi25$ mm内孔公差等级 IT6，表面粗糙度 $R_a0.4\ \mu m$，圆柱度 0.008 mm	X
		平面磨削			001	能进行平面磨削，工作范围：25 mm×25 mm×100 mm，并达到以下要求：磨削四面相互垂直，垂直度 0.03，表面粗糙度 $R_a0.4\ \mu m$，公差等级 IT7	X
		螺纹磨削			001	能进行丝杠的磨削，工作范围：螺纹规格 Tr60 mm×6 mm，螺纹长度：1 500 mm，工件长度：2 000 mm，并达到以下精度：表面粗糙度 $R_a0.2\ \mu m$，精度等级 H6	X
		曲轴加工和凸轮轴磨削			001	能磨削中速发动机多拐曲轴，并达到以下精度：表面粗糙度 $R_a0.4\ \mu m$，圆柱度 0.005 mm，偏心误差 0.05 mm，相邻两拐角度误差 5′	X
					002	能磨削中、高速发动机多缸凸轮轴，并达到以下精度：各凸轮升程误差±0.025 mm，每两度间升程误差的代数差 0.013 mm，表面粗糙度 $R_a0.25\ \mu m$，基圆跳动 0.02 mm，各凸轮相邻间角度误差±5′	X
		齿轮磨削			001	能进行高精度齿轮的磨削，并达到以下精度：表面粗糙度 $R_a0.4\ \mu m$，精度等级 6-5-5HL，标准直齿圆柱齿轮符合 GB/T 10095—2008	X
精度检验及误差分析	F	内、外径及长度、深度检验	10	任选	001	能掌握与磨工有关的零件精度的检验方法	X
					002	根据测量结果分析产生磨削误差的原因	X
					003	能正确使用电动、气动、自动测量工具	X
		锥度检验			001	能分析锥度误差产生的原因	X
		螺纹检验			001	能进行螺纹、丝杠精度的检验	X
					002	能分析丝杠产生相邻误差和累积误差的原因	X
设备维护与保养		数控磨床的使用、维护与保养	10		001	能排除数控磨床在加工中出现的一般故障	X
					002	能解决操作中出现的与设备调整相关的技术问题	X

数控磨工(高级工)
技能操作考核样题与分析

职 业 名 称：________________

考 核 等 级：________________

存 档 编 号：________________

考核站名称：________________

鉴定责任人：________________

命题责任人：________________

主管负责人：________________

中国北车股份有限公司劳动工资部制

职业技能鉴定技能操作考核制件图示或内容

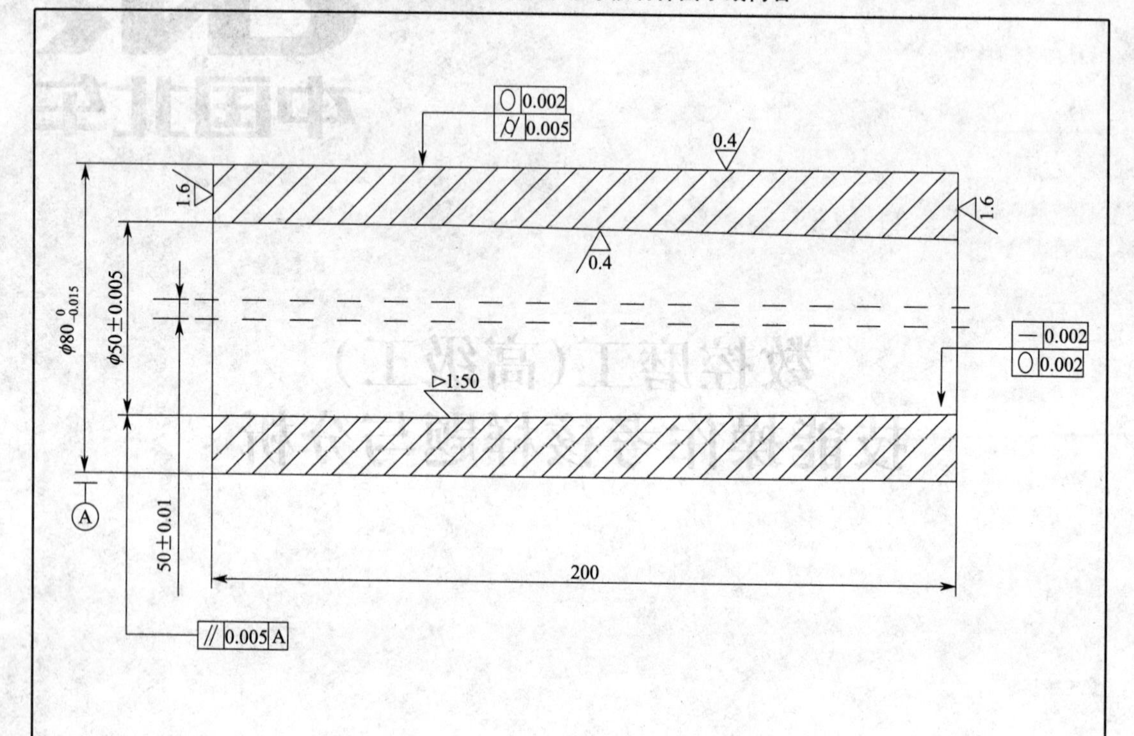

技术要求：	职业名称	数控磨床
1. 制定工艺路线。	考核等级	高级工
2. 制定各工步工艺参数。	试题名称	偏心轴套
3. 制定工具清单。 4. 建立工件坐标系和坐标计算。 5. 现场脱机编程和输入。 6. 考生考试前须对设备进行润滑和调整。 7. 未注公差按 IT13。 8. 上述 1～5 项均以卡片的形式同试件一起交卷	材质等信息：45 号钢（调质处理 HRC240～280）	

职业技能鉴定技能操作考核准备单

职业名称	数控磨工
考核等级	高级工
试题名称	偏心轴套

一、材料准备

1. 材料:45 号钢。
2. 坯件尺寸:ϕ80.5 mm×ϕ49.5 mm×200.5 mm。
3. 热处理:调质处理 HRC240～280。

二、设备、工、量、卡具准备清单

序号	名称	规格	数量	备注
1	数控外圆磨床	ϕ320×1 100	1	3 轴联动,带内圆磨削装置
2	外径百分尺	50～75 mm,75～100 mm(0.01)	1	
3	千分表	0～1 mm(0.001)	1	
4	磁力表座		1	
5	塞规	1∶50	1	
6	红铅粉	盒	1	
7	刀口尺		1	
8	芯轴		1	配磨

三、考场准备

1. 相应的公用设备、设备与器具的润滑与冷却等。
2. 相应的场地及安全防范措施。
3. 其他准备。

四、考核内容及要求

1. 考核内容:按考核制件图示及要求制作。
2. 考核时限:300 min。
3. 考核评分(表)。

职业名称	数控磨工		考核等级	高级工	
试题名称	偏心轴套		考核时限	300 min	
鉴定项目	考核内容	配分	评分标准	扣分说明	得分
制定加工工艺	能编制简单零件的数控加工工艺规程	4	每处错误扣 0.5 分,扣光为止		
	能制定镜面磨削工件的数控加工顺序	2	每处错误扣 0.5 分,扣光为止		
量具与磨具	能测量复杂零件的几何精度	2	每处错误扣 0.5 分,扣光为止		
	能分析数控磨床加工中产生的误差	2	错误不得分		
	能通过修改程序修正加工误差	2	每处错误扣 0.5 分,扣光为止		

续上表

鉴定项目	考核内容	配分	评分标准	扣分说明	得分
工件的定位与装夹	能合理使用通用夹具	1	错误不得分		
	能合理使用并能调整专用夹具	1	错误不得分		
	能分析计算磨床用夹具的定位误差	2	错误不得分		
	能装夹和调整复杂零件	2	错误不得分		
	能装夹和调整不规则零件	2	错误不得分		
编制程序	能手工编制复杂零件的磨削加工程序	10	每处错误扣1分，扣光为止		
	能利用已有宏程序编制加工程序	10	每处错误扣1分，扣光为止		
外圆加工	能进行高精度主轴的超精磨削，并达到以下要求：公差等级IT5，表面粗糙度R_a0.04 μm，圆柱度 0.002 mm，跳动 0.001 mm	10	每处错误扣1分，扣光为止		
内孔加工	能进行深孔磨削，工作范围：外径×内径×长度＝ϕ50 mm×ϕ 25 mm×140 mm，并达到以下要求：ϕ25 mm内孔公差等级IT6，表面粗糙度R_a0.4 μm，圆柱度0.008 mm	10	每处错误扣1分，扣光为止		
平面磨削	能进行平面磨削，工作范围：25 mm×25 mm×100 mm，并达到以下要求：磨削四面相互垂直，垂直度0.03 mm	5	每处错误扣1分，扣光为止		
	能进行平面磨削，工作范围：25 mm×25 mm×100 mm，并达到以下要求：表面粗糙度R_a0.4 μm，公差等级IT7	5	每处错误扣1分，扣光为止		
曲轴加工和凸轮轴磨削	能磨削中速发动机多拐曲轴，并达到以下精度：表面粗糙度R_a0.4 μm	5	每处错误扣1分，扣光为止		
	能磨削中速发动机多拐曲轴，并达到以下精度：圆柱度0.005 mm，偏心误差0.05 mm，相邻两拐角度误差5′	5	每处错误扣1分，扣光为止		
内、外径及长度、深度检验	能掌握与磨工有关的零件精度的检验方法	3	每处错误扣0.5分，扣光为止		
	根据测量结果分析产生磨削误差的原因	2	错误不得分		
	能正确使用电动测量工具	1	错误不得分		
	能正确使用气动测量工具	1	错误不得分		
	能正确使用自动测量工具	1	错误不得分		
锥度检验	能分析锥度误差产生的原因	2	错误不得分		
数控磨床的使用、维护与保养	能排除数控磨床在加工中出现的一般故障	5	每处错误扣1分，扣光为止		
	能解决操作中出现的与设备调整相关的技术问题	5	每处错误扣1分，扣光为止		
质量、安全、工艺纪律、文明生产等综合考核项目	考核时限	不限	超时停止操作		
	工艺纪律	不限	依据企业有关工艺纪律管理规定执行，每违反一次扣10分		
	劳动保护	不限	依据企业有关劳动保护管理规定执行，每违反一次扣10分		
	文明生产	不限	依据企业有关文明生产管理规定执行，每违反一次扣10分		

续上表

鉴定项目	考核内容	配分	评分标准	扣分说明	得分
质量、安全、工艺纪律、文明生产等综合考核项目	安全生产	不限	依据企业有关安全生产管理规定执行,每违反一次扣10分,有重大安全事故,取消成绩		

4. 操作者应遵守质量、安全、工艺纪律,文明生产。对于在技能操作考核过程中出现的违章作业现象,每违反一项(次)至少扣减技能考核总成绩10分,直至取消其考试资格。

职业技能鉴定技能考核制件(内容)分析

职业名称	数控磨床
考核等级	高级工
试题名称	偏心轴套
职业标准依据	国家职业标准

试题中鉴定项目及鉴定要素的分析与确定

分析事项 \ 鉴定项目分类	基本技能“D”	专业技能“E”	相关技能“F”	合计	数量与占比说明
鉴定项目总数	4	7	4	15	核心技能“E”满足鉴定项目占比高于2/3的要求
选取的鉴定项目数量	3	5	3	11	
选取的鉴定项目数量占比(%)	75	71	75	73	
对应选取鉴定项目所包含的鉴定要素总数	9	7	6	22	鉴定要素数量占比大于60%
选取的鉴定要素数量	7	6	6	19	
选取的鉴定要素数量占比(%)	78	86	100	86	

所选取鉴定项目及相应鉴定要素分解与说明

鉴定项目类别	鉴定项目名称	国家职业标准规定比重(%)	《框架》中鉴定要素名称	本命题中具体鉴定要素分解	配分	评分标准	考核难点说明
“D”	制定加工工艺	20	能编制简单零件的数控加工工艺规程	能编制简单零件的数控加工工艺规程	4	每处错误扣0.5分,扣光为止	
			能制定镜面磨削工件的数控加工顺序	能制定镜面磨削工件的数控加工顺序	2	每处错误扣0.5分,扣光为止	难点
	量具与磨具		能测量复杂零件的几何精度	能测量复杂零件的几何精度	2	每处错误扣0.5分,扣光为止	
			能分析数控磨床加工中产生的误差及通过修改程序修正加工误差	能分析数控磨床加工中产生的误差	2	错误不得分	难点
				能通过修改程序修正加工误差	2	每处错误扣0.5分,扣光为止	
	工件的定位与装夹		能合理使用通用夹具、组合夹具,并能调整专用夹具	能合理使用通用夹具	1	错误不得分	
				能合理使用并能调整专用夹具	1	错误不得分	
			能分析计算磨床用夹具的定位误差	能分析计算磨床用夹具的定位误差	2	错误不得分	难点
			能装夹和调整复杂零件和不规则零件	能装夹和调整复杂零件	2	错误不得分	
				能装夹和调整不规则零件	2	错误不得分	

续上表

鉴定项目类别	鉴定项目名称	国家职业标准规定比重(%)	《框架》中鉴定要素名称	本命题中具体鉴定要素分解	配分	评分标准	考核难点说明
“E”	编制程序	60	能手工编制复杂零件的磨削加工程序	能手工编制复杂零件的磨削加工程序	10	每处错误扣1分,扣光为止	
			能利用已有宏程序编制加工程序	能利用已有宏程序编制加工程序	10	每处错误扣1分,扣光为止	难点
	外圆加工		能进行高精度主轴的超精磨削,并达到以下要求:公差等级IT5,表面粗糙度 R_a0.04 μm,圆柱度0.002 mm,跳动0.001 mm	能进行高精度主轴的超精磨削,并达到以下要求:公差等级IT5,表面粗糙度 R_a0.04 μm,圆柱度0.002 mm,跳动0.001mm	10	每处错误扣1分,扣光为止	
	内孔加工		能进行深孔磨削,工作范围:外径×内径×长度=ϕ50 mm×ϕ25 mm×140 mm,并达到以下要求:ϕ25 mm内孔公差等级IT6,表面粗糙度 R_a0.4 μm,圆柱度0.008 mm	能进行深孔磨削,工作范围:外径×内径×长度=ϕ50 mm×ϕ25 mm×140 mm,并达到以下要求:ϕ25 mm内孔公差等级IT6,表面粗糙度 R_a0.4 μm,圆柱度0.008 mm	10	每处错误扣1分,扣光为止	难点
	平面磨削		能进行平面磨削,工作范围:25 mm×25 mm×100 mm,并达到以下要求:磨削四面相互垂直,垂直度0.03 mm,表面粗糙度 R_a0.4 μm,公差等级IT7	能进行平面磨削,工作范围:25 mm×25 mm×100 mm,并达到以下要求:磨削四面相互垂直,垂直度0.03 mm	5	每处错误扣1分,扣光为止	
				能进行平面磨削,工作范围:25 mm×25 mm×100 mm,并达到以下要求:表面粗糙度 R_a0.4 μm,公差等级IT7	5	每处错误扣1分,扣光为止	
	曲轴加工和凸轮轴磨削		能磨削中速发动机多拐曲轴,并达到以下精度:表面粗糙度 R_a0.4 μm,圆柱度0.005 mm,偏心误差0.05 mm,相邻两拐角度误差5′	能磨削中速发动机多拐曲轴,并达到以下精度:表面粗糙度 R_a0.4 μm	5	每处错误扣1分,扣光为止	
				能磨削中速发动机多拐曲轴,并达到以下精度:圆柱度0.005 mm,偏心误差0.05 mm,相邻两拐角度误差5′	5	每处错误扣1分,扣光为止	难点
“F”	内、外径及长度、深度检验	20	能掌握与磨工有关的零件精度的检验方法	能掌握与磨工有关的零件精度的检验方法	3	每处错误扣0.5分,扣光为止	
			根据测量结果分析产生磨削误差的原因	根据测量结果分析产生磨削误差的原因	2	错误不得分	难点
			能正确使用电动、气动、自动测量工具	能正确使用电动测量工具	1	错误不得分	

续上表

鉴定项目类别	鉴定项目名称	国家职业标准规定比重(%)	《框架》中鉴定要素名称	本命题中具体鉴定要素分解	配分	评分标准	考核难点说明
“F”	内、外径及长度、深度检验			能正确使用气动测量工具	1	错误不得分	
				能正确使用自动测量工具	1	错误不得分	
	锥度检验		能分析锥度误差产生的原因	能分析锥度误差产生的原因	2	错误不得分	难点
	数控磨床的使用、维护与保养		能排除数控磨床在加工中出现的一般故障	能排除数控磨床在加工中出现的一般故障	5	每处错误扣1分，扣光为止	
			能解决操作中出现的与设备调整相关的技术问题	能解决操作中出现的与设备调整相关的技术问题	5	每处错误扣1分，扣光为止	
质量、安全、工艺纪律、文明生产等综合考核项目				考核时限	不限	超时停止操作	
				工艺纪律	不限	依据企业有关工艺纪律管理规定执行，每违反一次扣10分	
				劳动保护	不限	依据企业有关劳动保护管理规定执行，每违反一次扣10分	
				文明生产	不限	依据企业有关文明生产管理规定执行，每违反一次扣10分	
				安全生产	不限	依据企业有关安全生产管理规定执行，每违反一次扣10分，有重大安全事故，取消成绩	

参 考 文 献

[1]张梦欣．国家职业标准——磨工[M]．北京:中国劳动社会保障出版社,2009.
[2]吴志清,夏奇兵．机械基础技能鉴定考核试题库．2版[M]．北京:机械工业出版社,2012.
[3]孙德茂．数控磨床培训教程[M]．北京:机械工业出版社,2010.
[4]樊军庆．数控技术[M]．北京:机械工业出版社,2012.